SHUBIANDIAN GONGCHENG SHEJI DIANXING ANLI FENXI

输变电工程设计
典型案例分析（2017年度）

国网河北省电力有限公司经济技术研究院　组编

中国电力出版社
CHINA ELECTRIC POWER PRESS

内 容 提 要

　　为全面落实国家电网公司管理要求，进一步提高工程设计质量，提升电网本质安全，国网河北省电力有限公司经济技术研究院组织对 2017 年度输变电工程项目评审中发现的设计质量问题，按照不同专业进行了梳理、归纳，剖析问题隐患，提出针对性防治措施，编制形成《输变电工程设计典型案例分析（2017 年度）》，分为系统、变电、线路、技经 4 个专业，归纳出 44 个具有代表性的设计常见问题，筛选出31 个典型案例进行深入分析。

　　本书可作为输变电工程设计、评审人员的培训教材和参考用书，对于提升设计水平、掌握国家电网公司技术要求、提高工程设计质量、提升电网本质安全有着积极的参考意义。

图书在版编目（CIP）数据

输变电工程设计典型案例分析：2017 年度 / 国网河北省电力有限公司
经济技术研究院组编 . —北京：中国电力出版社，2018.5
　　"十三五"普通高等教育规划教材
　　ISBN 978-7-5198-1998-9

　　Ⅰ. ①输… 　Ⅱ. ①国… 　Ⅲ. ①输电－电力工程－设计－案例②变电
所—电力工程—设计—案例 　Ⅳ. ① TM7 　② TM63

中国版本图书馆 CIP 数据核字（2018）第 079347 号

出版发行：中国电力出版社
地　　址：北京市东城区北京站西街 19 号（邮政编码 100005）
网　　址：http://www.cepp.sgcc.com.cn
责任编辑：陈倩（010-63412512）
责任校对：王开云
装帧设计：赵姗姗
责任印制：邹树群

印　　刷：三河市百盛印装有限公司
版　　次：2018 年 5 月第一版
印　　次：2018 年 5 月北京第一次印刷
开　　本：880 毫米 ×1230 毫米　32 开
印　　张：2.5
字　　数：58 千字
定　　价：16.00 元

前　言

　　国家电网公司提出建设坚强智能电网，近年来新技术不断发展，新概念不断呈现，新一代智能变电站、模块化建设、机械化施工、电网反事故措施、全过程技术监督等新的建设理念和技术管理文件的出现对输变电工程的设计提出了更高的要求。设计是工程建设的龙头，高质量的设计是确保电网本质安全的基础，必须引起高度重视，然而在工程设计过程中，由于种种原因导致设计质量参差不齐，各种质量问题对工程顺利建设和安全运行造成影响。

　　为全面落实国家电网公司管理要求，进一步提高工程设计质量，提升电网本质安全，统一设计标准，提升设计水平，实现全面创优目标，国网河北省电力有限公司经济技术研究院对 2017 年度输变电工程项目评审中发现的设计质量问题，按照不同专业进行了梳理、归纳，剖析问题隐患，提出针对性防治措施，见微知著、未雨绸缪。按照系统、变电、线路、技经 4 个专业，分类归纳出 44 个具有代表性的设计常见问题，编制形成《输变电工程设计典型案例分析（2017 年度）》，并筛选出 31 个典型案例进行深入分析，以便设计人员迅速掌握，举一反三，避免类似问题的发生。

　　由于时间仓促和编者水平所限，书中难免存在疏漏和不足之处，恳请读者批评指正。

编　者

2018 年 1 月

目　录

第一章

设计常见问题汇总

一、系统专业（见表 1）

表 1　　　　系统专业设计常见问题汇总

序号	问题名称	问题描述	原因及解决措施
1	负荷预测深度不足	负荷预测缺少支撑数据，供电区域负荷性质、报装容量描述不详细，部分变电站缺少分站、分线负荷预测内容	原因：设计人员对可行性研究内容深度规定掌握不足。 解决措施：①加强规程规范的学习；②加强现状资料收集，并在可研报告中详细论述负荷性质、报装容量等负荷预测依据
2	系统设计方案缺乏本、远期方案衔接和技术经济比选	项目方案仅解决目前电网存在的问题，未能结合电网现状及规划情况，深入开展技术经济分析	原因：规划人员缺乏现状电网和远景规划衔接、各电压等级协同发展的"一张网"规划理念；设计人员缺乏项目周边电网现状、远景规划的了解。 解决措施：规划人员应结合电网诊断、重过载监控、项目问题库等途径和手段，在规划调整期间对地区电网进行统筹规划；建议设计人员定期开展规划成果宣贯培训，统筹各电压等级发展规划，开展接入系统方案设计，并进行技术经济比选
3	主要设备选型缺乏支撑依据	主变压器（简称主变）、导线、主接线选型缺乏相关规划、计算依据	原因：设计人员对《配电网规划设计技术导则》掌握不足；缺乏对周边电网现状、远景规划的了解。 解决措施：①加强规程规范的学习；②建议定期开展规划成果宣贯培训

续表

序号	问题名称	问题描述	原因及解决措施
4	施工过渡方案不合理、设计深度不足	未充分考虑过渡期间变电站全停的可能性及负荷转供的可行性,对无法转供负荷未说明负荷性质、用户重要程度、损失电量等;施工过渡方案造价高不合理	原因:系统、变电、线路、二次专业设计人员未进行专业对接,对系统运行方式、施工停电影响等方面经验不足。 解决措施:各专业设计人员应加强沟通,变电、线路、二次专业设计人员应提出施工过程中的停电范围、时间,系统设计人员应详细论述停电期间负荷转供方案;在保证供电可靠性的同时,应关注过渡方案的造价
5	电气主接线选型与接入系统方案、线路架设方式不匹配	高、低压侧电气主接线选型和本远期接入系统方案、线路架设方式不匹配,造成远期检修、故障方式下低压分段无法发挥转供能力	原因:系统设计人员对规划设计导则理解不充分,未充分考虑线路架设方式导致的故障、检修陪停对主接线选型的影响。 解决措施:系统设计人员应加强对规划设计导则的学习,深刻理解接入方案、电压序列、主变规模、导线型号、主接线选择之间的配合

二、变电专业(见表2)

表2　　　　　　变电专业设计常见问题汇总

序号	问题名称	问题描述	原因及解决措施
电气一次			
1	未严格执行通用设备"四统一"要求	通用设备中,10kV进线开关柜的尺寸要求:架空进线进深为18m,工程设计方案的平面布置图中进线开关柜与其他开关柜进深相同,均为15m	原因:设计人员对国家电网公司最新要求掌握不足,未及时学习执行。 解决措施:应加强对上级文件的收集和传达贯彻
2	防雷设计方案不满足规范规程	站内配电装置室屋顶设置出线架构,双回出线,15m宽单跨架构,导线挂线点高度10m,避雷线高度采用13m。避雷线无法保护进线档导线,导致导线存在雷击的安全隐患	原因:线路专业与变电专业沟通不充分,方案不满足规程规范要求。 解决措施:应加强专业间的配合,注重专业接口间技术方案的衔接。本工程通过调整出线架构避雷线挂线高度,计算进线档站内架构两侧的避雷线保护范围,确保进线档导线在避雷线保护范围内

续表

序号	问题名称	问题描述	原因及解决措施
3	站内避雷针与新增电气设备距离不满足防反击要求	对 35kV 变电站进行增容、改造过程中,设计人员未校核站内原有避雷针与新增电气设备的空气中安全距离是否满足规范要求,未考虑避雷针地下接地装置与新增电气设备主接地网连接点的地中距离是否满足安全要求,存在现有避雷针对新增设备造成反击的安全隐患	原因:对变电站设备防雷保护知识了解不到位。 解决措施:按《交流电气装置的过电压保护和绝缘配合设计规范》(GB/T 50064—2014)校验避雷针各个距离要求
4	设备防止雷电过电压安全措施不完善	某 110kV 架空 T 接线路,线路其中一侧为 220kV 变电站,另两侧为 110kV 变电站,均采用 AIS 设备。设计人员未充分了解该线路是否存在热备用运行状态,是否存在某一侧变电站出线间隔断路器或隔离开关断路运行的情况,此时如避雷器设置不完善,雷电侵入波产生过电压将对该侧间隔设备造成绝缘损坏	原因:设计对线路运行方式不了解,未认识到运行方式对变电站电气设备雷电过电压的影响。 解决措施:核实运行方式及三侧出线间隔的线路侧避雷器配置情况,按照《交流电气装置的过电压保护和绝缘配合设计规范》(GB/T 50064—2014)要求,在需要的站点,在对应间隔线路侧配置避雷器
5	变电站增容工程中,更换大线径导线时,未对原母线架构承载力进行校验	35kV 变电站主变增容,10kV 主母线由 LGJ-120/7 更换为 LGJ-300/25 导线,该变电站已运行多年,架构存在腐蚀现象,设计单位未收集原架构荷载资料,也未开展导线更换后对原有架构受力影响分析,存在施工期间施工牵引力及变电站运行后架构受力超载的安全隐患	原因:设计人员未全面掌握、理解设计深度要求。 解决措施:各专业加强沟通、相互提资,电气专业按照新导线型号计算架构水平、垂直荷载;土建结合架构钢梁现状,核算其实际承载能力,不满足要求的,应予以更换
6	改造工程,收资不全面,导致设计深度不满足要求	某 220kV 变电站改造,因投运时间较长,前期设计图纸无可查询,设计人员未对站内电缆沟布置、地下设施位置开展测量、调查工作,导致改造工程,新旧沟道、地下设施存在交叉隐患,给工程实施方案带来不确定性	原因:对改造工程,未进行充分收资及现场核实。 解决措施:应准确了解原变电站设备布置具体位置,详细调查变电站地下沟道布置,核实施工过渡期间是否存在新、旧设施的交叉碰撞,并提出施工安全保证措施

序号	问题名称	问题描述	原因及解决措施
7	采用 GIS 设备的变电站扩建方案不合理，后期扩建停电范围较大	某 220kV 开关站，220kV 配电装置采用 GIS 设备，前期已建成双母线单分段接线本期扩建 2 台主变对应的 220kV 主进间隔均布置于母线分段开关的同一侧，后期同侧母线扩建打耐压时，会导致 2 台主变高压侧停电，如此时第三台主变未建设，则对区域负荷及 110kV 运行方式有较大影响	原因：设计人员未了解 GIS 设备的特点，不清楚设备耐压试验的要求，也未认识到本站前期主接线型式对减少停电范围的优势，按部就班开展设计。 解决措施：本期 2 台主变 220kV 主进间隔分别布置在 220kV 分段开关两侧，后期扩建，至少可以保证 1 台主变运行，减少施工过渡期间停电范围
8	无功补偿配置容量不合理	某 220kV 变电站新建工程，终期建设 3 台 180MVA 主变，每台主变低压侧配置 3 组 10Mvar 无功补偿装置，本期设备利用，建设 2 台 120MVA 主变。设计未根据本期建设主变容量及变电站实际负荷预测情况，每台主变低压侧配置 3 组 10Mvar 无功补偿装置，配置容量偏高，设备利用率较低	原因：无功补偿容量按终期规模配置，未考虑本期主变规模及实际负荷预测情况。 解决措施：设计单位综合考虑区域无功平衡，根据主变容量、每台实际负载率，计算主变无功损耗，合理确定无功补偿配置容量。最终经计算确认，本期配置 2 组 10Mvar 容性无功补偿装置即可满足工程实际需求
9	设备未达到使用寿命，基建工程更换的必要性不充分	某 110kV 变电站扩建工程，部分设备参数满足扩建后工程需求，设计单位未提供设备评估报告，仅以设备老旧、机构卡塞等缘由，计列大量设备更换工程量，设备更换必要性不充分	原因：设计人员对生产技改大修及基建工程管理制度不了解。 解决措施：原则上，由于设备老旧等缺陷，而非电气参数原因，对设备进行改造、更换的，均应计列到生产技改大修工程；实际工程中，如设备已列入生产技改大修规划中，为了避免同一变电站反复停电，可与基建工程合并实施，但应提供设备评估报告，确保设备满足更换、改造条件
10	临时施工电源方案不经济	某 110kV 城市变电站，全户内布置方案，设计人员对站址周边环境未开展踏勘工作，未对施工电源接入方案进行比选，未考虑施工电源永临结合的可行性，原设计方案中，线路比较长，导致工程投资达到 65 万元	原因：对于单笔费用偏高的工程量，设计人员未开展方案比选。 解决措施：评审后，设计人员通过现场踏勘，结合站址周边情况，开展技术经济比选工作，对方案进行优化。最终方案为：临时施工电源从站址附近现有架空线路引接，线路长度仅 15m，工程投资 12 万元

续表

序号	问题名称	问题描述	原因及解决措施
11	各专业间缺乏沟通,设计方案不衔接	某 110kV 输变电工程,110kV 终期 3 回出线,本期 2 回,架空出线。设计过程中,线路专业与变电专业未进行充分沟通,导致线路终端塔设置与变电站出线架构不衔接,进线档避雷线无法架设	原因:专业之间提资、校核不到位,导致专业方案不一致。解决措施:调整站内 110kV 出线架构布置,使其地线挂线点与线路终端塔匹配,同时满足架构受力及地线保护范围要求
电气二次			
1	无新技术应用专题报告	新技术应用包含较多本工程实际未应用的内容,应用成果内容缺少具体方案说明,且未结合工程实际介绍新技术实施措施	原因:设计人员对国家电网公司最新要求掌握不足,未及时学习执行。解决措施:各设计单位应加强对上级文件的收集和传达贯彻
2	直流系统计算不详	所依据规程规范为过期版本;缺少直流负荷计算内容;蓄电池容量配置不合理	原因:设计人员未深入理解规程规范要求。解决措施:加强对规程规范的学习,及时跟踪规范有效版本的变动情况
3	35kV 工程设计对端变电站二次设备现状描述不充分	说明书中,对运行站的现状描述只涉及保护配置、设备厂家,而对设备运行年限、现状评估等缺少说明,导致对改造方案设备合理性佐证力度不足	原因:设计人员收资不充分。应加强设计收资的深度与质量。解决措施:运行管理单位应积极提供必要的设计资料及评估报告
4	控制电缆计列不准确	部分主变扩建工程存在控制电缆计列过长的问题	原因:设计人员对现场情况收资不足。解决措施:各设计单位应加强现场收资,特别是竣工资料的收集工作
5	设计内容不满足国家电网公司最新管理规定	未对《国家电网公司关于全面推广变电工程现场视频接入工作的通知》(国家电网基建〔2016〕970 号)施工现场视频接入方案进行说明	原因:设计人员对国家电网公司最新要求掌握不足,未及时学习执行。解决措施:各设计单位应加强对上级文件的及时收集和传达贯彻
系统通信			
1	缺少通信专业内容	在 35kV 线路工程中,仅线路专业架设光缆,缺少通信设计整体方案、站内导引光缆如何放置等内容,导致架设光缆的用途不明,无法形成通信网络	原因:通信专业与线路专业配合不足,线路专业根据业主要求自行设计,未与通信专业沟通。解决措施:应加强专业间配合,线路专业应根据通信专业提资进行光缆设计

序号	问题名称	问题描述	原因及解决措施
2	对涉及的运行站通信设备现状描述不充分	通信设计说明书中，对运行站的现状描述一般只涉及组网、设备厂家，而对设备板卡配置情况、现有网络通道保护方式等缺少说明，导致对通信设计方案设备配置合理性佐证力度不足	原因：设计人员收资不充分。 解决措施：应加强设计收资的深度与质量，通信运行管理单位应积极提供必要的设计资料
3	过渡方案考虑不全面	过渡方案未认真核实光缆路由、设备等实际情况，导致过渡方案不可行	原因：设计人员未进一步细化过渡方案。 解决措施：设计单位应与通信运行管理单位加强沟通，完全掌握运行资料，确保过渡方案可行
4	工程现场视频接入方案设计光缆路由不合理	计列较多光缆新立杆塔，费用较高	原因：设计人员未进一步细化光缆建设方案，未结合施工电源工程考虑光缆路由。 解决措施：设计单位应加强现场勘查，结合施工电源建设，尽量采用现有杆塔架设临时光缆
5	初设设计方案与可研批准方案不同	初设设计方案增加相关站点不必要的光缆路由或设备，未严格执行可研批准方案	原因：运行单位在初设阶段为保证通信运行可靠性，增加必要性不充分的光缆路由或设备。 解决措施：设计单位与通信运行管理单位加强沟通，可研阶段设计方案应考虑周全，满足运行可靠性，避免初设阶段增加相关内容
变电土建			
1	站区总体规划深度不足	进站道路拟引接的规划路建设时序不明确、处于地下水限采区采用站内打井供水方式、站外给排水引接点及管道路径和距离不明确、站址占用乡村路、沟渠等还建方案不明确，不满足国家电网公司输变电工程初步设计内容深度规定的有关要求，对设计方案可行性和合理性带来隐患	原因：对变电站建设条件调研、收资深度不足，对国家或地方地下水限采政策了解不足。 解决措施：要深入了解站址区域是否属于限采区，选用合理的供水方式；对于要引接的规划路、给排水设施等应取得支持性文件并应深化设计方案；对于需还建的道路沟渠，要在变电站总体规划中明确设计方案

序号	问题名称	问题描述	原因及解决措施
2	地形图深度不足	地形图测绘范围过小，不能表示变电站周围的地形、地貌及地面附着物情况，无法满足站区总体规划要求；测绘内容过于简单，仅有简单的坐标、高程信息，无地形、地貌、地面附着物图示，不能准确反映场地现状；无控制点信息，不能满足电子交桩要求	原因：测绘人员技术水平和责任心较差，设计单位对测绘工作管理不重视。 解决措施：应加强对测绘专业人员的技术培训，优化设计单位测绘工作流程管理，强化对测绘成果的验收工作
3	消防用水量计算不准确	《火力发电厂与变电站设计防火规范》（GB 50229—2006）与《消防给水及消火栓系统技术规范》（GB 50974—2014）存在差异，多数工程采用前者计算室内外用水量	原因：根据国家电网公司2017年基建设计工作会议关于标准存在差异方面会议精神，消防用水量应采用《消防给水及消火栓系统技术规范》（GB 50974—2014）计算。 解决措施：积极跟踪国家电网公司有关技术、管理文件
4	通风降噪方案及对周边环境噪声影响论述不充分	全户内变电站主变室通风降噪方案过于简单，未对站址周边用地属性进行深入调研，未就变电站对周边环境噪声影响进行深入分析，容易与变电站周边业主产生纠纷，给变电站投运后的正常运行带来隐患	原因：设计单位缺乏相关专业设计人员，设计人员缺乏相关专业知识。 解决措施：加大对全户内变电站主变室的通风降噪技术研究，并充分利用现有的研究成果；设计单位应配置噪声分析专业软件（或咨询相关专业机构），加强变电站对周边环境噪声影响的分析论证
5	改扩建工程设计深度不足	本期建设内容不全面、不准确；拆旧建新设施证实性材料不充分；总平面布置现状内容与现场实际不符，重要拆建设施无定位尺寸，对改造方案的合理性产生不利影响	原因：专业间提资不足，土建专业设计人员对相关工艺专业缺乏必要的了解；对现场踏勘和前期工程资料收集不足。 解决措施：应重视改造方案相对复杂扩建工程的设计工作，加大提资、收资和现场踏勘力度；土建专业设计人员应加强变电工艺专业知识的学习

三、线路专业（见表3）

表3　　　　　　　　线路专业设计常见问题汇总

序号	问题名称	问题描述	原因及解决措施
1	路径选择缺少方案比选	线路路径只推荐了变电站航空线西侧唯一方案，且推荐方案曲折系数较高，未能在航空线东侧选择备用方案，并进行经济技术比选，导致推荐路径并非最优方案	原因：设计人员认为东方案选线困难，受当地政策影响，协议跑办困难。解决措施：积极与当地政府沟通，突破多种制约因素，最终取得当地政府支持，通过调规支撑路径落地
2	前期资料缺失，设计深度不足	设计人员通过前期收资，了解到线路路径所经过区域沿线存在多处煤矿及铁矿普查区、开采区，但是未探明其具体范围，同时其并未委托有资质单位出具本线路所经位置的压矿评估报告，导致部分塔位最终位于煤矿开采区内，设计单位也未对压覆的矿产进行采动影响评估，探明地质条件是否满足立塔条件	原因：建管单位及设计单位对此不够重视，未能提前开展此项工作。解决措施：①对难以避免压覆矿产的路径，说明难以避免压覆矿产资源储量的理由。对所压覆的矿产进行采动影响评估，探明地质条件是否满足立塔条件。②对满足立塔条件的塔位进行采空区基础设计，保证方案可行
3	缺少工程水文、地质资料	初步设计阶段未对本站水文、地质情况进行勘测，并提供相应报告，而是依据临近工程相关资料开展设计，设计依据性资料有误，导致设计方案存在较大不确定性	原因：设计单位参考附近工程水文、地质资料，并未根据本工程线路路径进行勘察。解决措施：勘测资料的深度对设计成品的质量起着绝对支撑作用，评审时要求设计单位补充相关资料，并根据水文、地质报告进行基础设计
4	交叉跨越缺少方案比选	新建线路采用电缆钻越220kV线路，未与架空钻越方案进行对比分析	原因：初步设计深度不足，未进行交叉跨越分图测量。解决措施：补充交叉跨越分图，补充架空钻越220kV线路方案，并进行经济技术比较

续表

序号	问题名称	问题描述	原因及解决措施
5	基础尺寸与钢杆根部法兰不匹配	灌注桩基础桩径偏小,造成灌注桩基础与钢管杆根部法兰不匹配	原因:设计未根据实际杆型进行基础计算,在基础计算时忽略了各杆型根部法兰尺寸的差异。 解决措施:设计人员须根据实际杆型计算灌注桩基础,核实桩径与法兰尺寸,确保符合构造要求
6	未执行差异化条款	新建 220kV 线路瓷绝缘子在重污秽区未喷涂防污闪涂料	原因:最新文件学习、执行不及时。 解决措施:学习最新文件,参照文件执行。工程建设阶段实施瓷(玻璃)绝缘子表面喷涂防污闪涂料措施,绝缘子物资采购阶段应将喷涂纳入招标技术需求,明确在产品制造阶段按设计要求由制造厂商完成喷涂,喷涂方式宜采用工厂化喷涂
7	设计收资深度不足	线路平行国道和高速铁路架设,走廊位于高速铁路一侧观赏林内,由于设计单位收资不足,未能准确掌握线路与高速铁路相对距离,为了满足距高速铁路倒塔距离要求,采用低塔设计方案,按全线砍伐树木考虑,未提出高塔跨越成片树木方案,导致工程造价明显不合理	原因:设计单位收资不详细,导致青赔费用较高,设计方案经济较差。 解决措施:设计单位应加强设计深度,对工程周边建设环境详实收资。综合考虑方案技术经济合理性,从而确保推荐方案达到最优

四、技经专业（见表4）

表4　　　　　技经专业设计常见问题汇总

序号	问题名称	问题描述	原因及解决措施
1	装配式建筑物造价不准确	智能变电站推行模块化建设，装配式建筑物采用钢结构，建筑物外墙采用压型钢板复合板，内墙采用石膏板封闭，楼层面板采用钢筋桁架楼承板等新技术，定额套用不合理，钢材及外墙的工程量不明确，外墙等装饰主材价格计列偏离市场价较大，造成装配式建筑物造价不准确	原因：设计单位技经人员对装配式新技术工艺了解不够，导致定额套用不合理；技术人员提资工程量尤其是钢结构吨数预估裕度较大，装配式外墙等主材价格未充分开展调研搜资。解决措施：设计单位技经人员加强新技术学习，技术人员根据已实施的项目提供准确的工程量，主材价格多方比价；评审单位技经人员制定统一计价标准
2	智能站二次系统造价不准确	智能变电站二次系统采用预制舱、预置式智能控制柜、预置光缆，高集成的智能辅助系统等新技术，智能设备安装定额套用不合理，相关设备价格重复计列，造成二次系统造价不准确	原因：设计单位技经人员对预制舱等智能化二次设备及材料的供货方式及价格、安装工艺与流程掌握不充分，导致定额套用不合理，预制光缆型式、预制舱等主要材料计列价格未充分搜集调研。解决措施：应强化对智能变电站相关新技术的学习和应用，及时从已实施及结算项目获取准确工程量及价格信息；评审单位技经人员制定统一计价标准
3	电能表误差校验特殊调试费用计列有误	概算计算电能表误差校验特殊调试费时，未根据设计说明书及设备材料清册细分电能表类别，全部按数字化常规电能表套用定额，套用定额有误	原因：技经专业人员对专业知识掌握不足。解决措施：设计单位技经与技术人员积极沟通，加强学习相关专业知识，提高估算、概算编制水平；评审人员规范调试费计列标准，合理控制造价
4	机械化施工相关费用计列不准确	输电线路推行机械化施工，技经人员仅根据设计方案调整了定额子目，未考虑技术方案引起的人力运输、修建临时道路等其他对造价影响的因素，造成机械化施工方案与概算不匹配，费用计列不准确	原因：机械化施工方案设计深度不足，技经人员未从整体考虑机械化施工对造价的影响。解决措施：提高机械化施工方案设计深度，根据设计方案，调整人运、临时道路、机械安拆等相关费用

续表

序号	问题名称	问题描述	原因及解决措施
5	电缆顶管费用计算不准确	电缆敷设有多种方式，施工工艺也各不相同，目前电力定额只适用于直埋、排管、拉管等工艺，顶管、明挖隧道和暗挖隧道不适用，需要使用市政定额，技经人员对施工工艺掌握不足，市政定额不熟悉，造成工程造价不准确	原因：对顶管施工工艺不了解。解决措施：设计单位加强电缆土建专业学习，对电力定额之外的市政等各种定额多加了解
6	建设场地征用及清理费虚列，支撑依据不足	线路路径方案不合理，导致大量树木砍伐移栽，砍伐树木赔偿依据不合理，青苗赔偿重复计价，特殊构筑物赔偿依据不足	原因：设计人员未深入现场开展实际测量工作，技经人员计列依据不足，虚列赔偿费。解决措施：设计评审技术、技经人员需深入实际勘查进行现场评审；核实建设征地、青苗赔偿，树木砍伐数量，特殊构筑物，拆除物方案必要性，赔偿依据合理性

第二章

系统专业典型案例分析

案例 1　系统方案缺乏技术经济比选

一、工程概况

某 110kV 变电站（PWC）新建工程，本期建设 50MVA 主变 2 台，电压比 110/10kV，新建 110kV 出线 2 回，10kV 出线 24 回。

二、原设计方案

该站接入系统一回由 BW 220kV 变电站直出；另一回断开 MZ~DH 站 T 接 YS 变电站的 110kV 线路，YS 侧改接至 PWC 变电站。接入系统方案如图 2-1 所示。

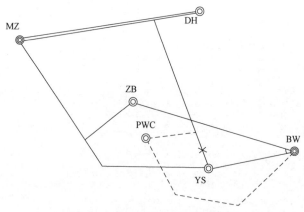

图 2-1　设计推荐接入系统方案图

三、存在的主要问题

1. 问题描述

设计单位未根据工程设计阶段实际路径走廊条件，相应调整优化推荐接入系统方案，推荐方案未考虑工程实施的经济性，整体方案不合理。BW～PWC 直出线路由于路径走廊受限，曲折系数高达 2.7，整体路径走廊形成"U"字形，工程造价明显不合理；另一回进线，未考虑断开点另一侧线路的利用，造成投资浪费。

2. 依据性文件要求

依据《220 千伏及 110（66）千伏输变电工程可行性研究内容深度规定》（Q/GDW 270—2009）中 5.3 条规定："根据电网规划、原有网络特点、负荷分布、断面输电能力、先进适用新技术应用的可能性等情况，提出接入系统方案，必要时进行多方案比选，提出推荐方案。"

3. 隐患及后果

系统方案未考虑断点另一侧线路利用情况，造成该段线路浪费；直出线路未结合工程实际路径走廊情况，路径曲折系数大，施工难度大，工程投资不经济。

四、解决方案及预防措施

1. 解决方案

统筹考虑工程实际路径走廊情况，充分利用现有线路资源，优化本站接入系统方案，增加将现 T 接 110kV 线路，π 入 PWC 变电站的方案比选。优化后接入系统方案如图 2-2 所示。

2. 预防措施

设计人员应加强对周边电网现状、远景规划的了解，统筹设计接入系统方案，并详细开展不同方案的技术经济比选，根据比选结果选择接入方案。

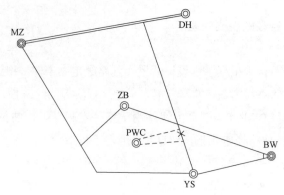

图 2-2　优化后接入系统方案图

案例 2　设计方案不满足 N-1 准则

一、工程概况

某 110kV 变电站扩建工程，现运行 63MVA 主变 2 台，2 回 110kV 进线，两回进线全线同塔架设且来自同一 220kV 变电站，导线型号为 JL/G1A-300/25。本期拟扩建一台 63MVA 主变，电压比 110/10kV，新建 110kV 进线 1 回，10kV 出线 14 回。

二、原设计方案

设计推荐变电站本期接入系统方案为：新建进线 1 回，T 接至现运行 110kV 线路上。

三、存在的主要问题

1. 问题描述

设计未考虑本站实际负荷性质，在现有网架结构薄弱、存在安全隐患的情况下，只考虑近期负荷快速增长的需求，推荐接入系统方案不满足线路 N-1 及同塔 N-2 方式下供电要求。

2. 依据性文件要求

根据《电力系统安全稳定导则》（DL 755—2001）中 2.1.2 条

14

规定:"在电网的规划设计阶段,应当统筹考虑,合理布局。电网运行方式安排也要注重电网结构的合理性。合理的电网结构应满足如下基本要求:a)能够满足各种运行方式下潮流变化的需要,具有一定的灵活性,并能适应系统发展的要求;b)任一元件无故障断开,应能保持电力系统的稳定运行,且不致使其他元件超过规定的事故过负荷和电压允许偏差的要求。"

根据河北南网规划计算校核原则,主干网架需满足 N-1 及同塔 N-2 校验,具有较强的抵御重大灾害和特大事故的能力。

3. 隐患及后果

该 110kV 变电站供电范围内 10kV 线路均为辐射型结构,未与其他 10kV 线路形成联络,线路同塔双回 N-2 方式下,将造成该站负荷全停,对用电企业造成巨大损失,也影响企业形象。

四、解决方案及预防措施

1. 解决方案

考虑到现有 110kV 网架比较薄弱,结合电网规划及周边负荷增长情况,建议加快规划内 220kV 输变电工程的建设进度,彻底提高本站供电可靠性。经过建设单位积极跑办,220kV 新建输变电工程进度加快,基本能够与本站扩建同步实施,最后审定,本工程本期不建设第三电源,只将主接线完善为扩大内桥接线,待 220kV 输变电工程投产后,将现有一条 110kV 线路π入 220kV 站,并新建 1 条线路至该 110kV 变电站。

2. 预防措施

设计人员应加强对《电力系统安全稳定导则》(DL755—2001)、《220 千伏及 110(66)千伏输变电工程可行性研究内容深度规定》(Q/GDW 270—2009)等规程规范的学习,统筹建设项目周边电网现状及规划,详细开展不同方案的技术经济比选。

案例 3 主要设备选型缺乏支撑依据

一、工程概况

某 110kV 变电站扩建工程，拟扩建 40MVA 主变 1 台，110kV 出线 1 回，35kV 不新增出线，10kV 出线 12 回。

二、原设计方案

设计推荐主变选用三相三绕组变压器，电压比为 110/35/10kV，主变容量 40MVA。

三、存在的主要问题

1. 问题描述

原方案选用三绕组变压器，没有结合周边电网规划及负荷需求描述主变建设 35kV 绕组的必要性；主变容量选择与负荷预测不匹配。

2. 依据性文件要求

依据《220 千伏及 110（66）千伏输变电工程可行性研究内容深度规定》（Q/GDW 270—2009）中 5.7 条规定："根据分层分区电力平衡结果，结合系统潮流、负荷增长情况，合理确定本工程变压器单组容量、本期建设的台数和终期建设的台数。"

3. 隐患及后果

根据周边负荷发展及电网规划情况，该区域负荷增长较快，并且 35kV 电压等级将逐步取消。若采用 110/35/10kV 三绕组变压器，可能未来 35kV 电压等级无接入需求，造成间隔和容量资源浪费；建设 40MVA 主变，可能无法满足 5 年内负荷增长需求，需再次扩建或改造，增加投资和建设工程量。

四、解决方案及预防措施

1. 解决方案

充分考虑周边负荷发展与电网规划情况，推荐建设三相双绕组变压器，电压比为 110/10kV，主变容量 50MVA。

2. 预防措施

设计人员应深入学习《配电网规划设计技术导则》（DL/T 5729—2016）、《220 千伏及 110（66）千伏输变电工程可行性研究内容深度规定》（Q/GDW 270—2009），加强对周边电网现状、远景规划的了解。应在报告中详细论述三绕组变压器、110kV 单母线分段接线等主要设计原则的依据和建设必要性，据此选择电气设备。

案例 4　系统方案缺乏本、远期衔接

一、工程概况

某 35kV 线路新建工程（DY～CN 线路），CN 35kV 变电站原由 TX 110kV 变电站主供，由于 TX 变电站负载较高，CN 变电站转至 BQ110kV 变电站供电，继而 BQ 变电站出现重载。为缓解 BQ 变电站重载、满足 CN 变电站供电需要，新建 DY～CN 线路，将 CN 35kV 变电站由负载率较小的 DY 220kV 变电站供电。

二、原设计方案

建设 35kV DY～CN 线路工程，并利用原 TX～CN 35kV 线路路径，全线拆旧建新，线路长度 16.1km，投资 1631 万元，接入系统方案如图 2-3 所示。

三、存在的主要问题

1. 问题描述

该供电区域 2 座 110kV 变电站、2 座 35kV 变电站均存在重过载现象，设计方案仅关注某一处重过载，未从规划角度对该区域普遍重过载问题进行统筹彻底解决；架设 DY～CN 35kV 线路，

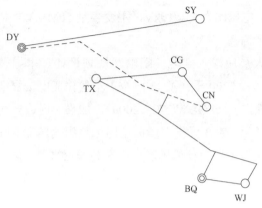

图 2-3　接入系统方案图

建设方案未结合区域远景规划，造成本期建设内容与远景方案的不适应性及工程投资的浪费。

2. 依据性文件要求

依据《国网河北省电力有限公司"十三五"配电网规划报告》（2017 版）中规划指导思想要求："由远及近，目标网架指导中近期规划。根据饱和负荷开展目标网架研究，通过供电可靠性和三级供电安全标准分析校核，确定最优方案。以目标网架为指引，根据投资能力优化分步实施方案。"

3. 隐患及后果

原设计方案仅考虑了本期负荷的需求，未结合区域电网规划设想，CN 35kV 变电站将在"十四五"期间升压为 110kV 变电站，取消 35kV 电压等级。原设计方案在 CN 变电站升压后，本期 16.1km 线路将废弃，造成巨大投资浪费。

四、解决方案及预防措施

1. 解决方案

建议结合"十四五"电网规划设想，线路采用 110kV 电压等级设计，本期线路降压运行；待周边 CD110kV 变电站投运切改部分负荷后，将 CN 35kV 变电站升压，统筹解决区域普遍重载的问题。既满足现有负荷增长，又满足远期电网规划设想，避免本期投资的浪费。

2. 预防措施

应结合电网发展诊断、重过载监控、项目问题库等途径和手段，在规划调整期间对重点区域各电压等级电网进行统筹协调规划设计，以目标网架为指引，根据投资能力优化分步实施方案。

案例 5 施工过渡方案不合理

一、工程概况

某 110kV 变电站扩建 3 号主变，同时原 10kV 开关柜设备由于不满足反措要求需要进行设备改造，届时 10kV Ⅰ、Ⅱ 母线均需停电。

二、原设计方案

原设计文件未提供施工期间负荷转供方案，施工期间 10kV Ⅰ、Ⅱ 母线所带 9 条 10kV 线路不同程度要停电。

三、存在的主要问题

1. 问题描述

设计人员未认真分析与该站相关 10kV 出线联络情况、转供能力，也未核实该站负荷性质、供电范围、施工停电时间及引起的后果等情况，导致施工期间负荷无法转供，损失负荷。

2. 依据性文件要求

依据《国家电网公司关于印发防止防止变电站全停十六项措施（试行）的通知》（国家电网运检〔2015〕376 号）4.1.1 条规定："各类检修、改扩建施工作业方案、组织措施、技术措施、安全措施应经地市公司（省检修公司）审查通过后方可实施。"

3. 隐患及后果

施工过渡方案缺失将造成重要用户长时间停电。

四、解决方案及预防措施

1. 解决方案

统筹考虑该站负荷水平及负荷性质，优化建设方案及施工期间负荷切改方案，首先建设 10kVⅢ段母线，改造 10kVⅠ、Ⅱ段母线时，分别将其所带负荷逐次接至 10kVⅢ段母线，确保重要负荷的供电安全可靠。

2. 预防措施

各专业设计人员应加强沟通，变电、线路、二次专业设计人员应提出施工过程中的停电范围、时间，系统设计人员应详细论述停电期间负荷转供方案；在保证供电可靠性的同时，应关注过渡方案的造价。

案例6 **电气主接线选择与系统方案、线路架设方式不匹配**

一、工程概况

某 110kV 变电站新建工程，本期建设 50MVA 主变 2 台，电压比为 110/10kV，110kV 出线 2 回，10kV 出线 24 回。

二、原设计方案

设计推荐 110kV、10kV 电气主接线终期分别采用线变组接线和单母线六分环形接线，而根据站址周边出线走廊条件，本期接入方案采用同塔双回线路架设方式分别 T 接至现运行 2 条 110kV 线路。

三、存在的主要问题

1. 问题描述

各专业间缺乏沟通、协调，设计方案存在较大缺陷。变电站电气主接线的选择未与线路架设方式、区域中压线路的联络率、转供能力相结合，导致推荐方案远期存在进线同塔双回 N-2 方式下，损失较多负荷的隐患。

2. 依据性文件要求

依据《国家电网公司关于印发防止变电站全停十六项措施（试行）的通知》（国家电网运检〔2015〕376 号）4.1.1 条规定："各类检修、改扩建施工作业方案、组织措施、技术措施、安全措施应经地市公司（省检修公司）审查通过后方可实施。"

3. 隐患及后果

本期接入方案在变电站投运初期负荷水平不高时，在进线同塔双回 N-2 方式下，该站负荷可通过 10kV 联络线路转供；远景负荷水平较高时，在进线同塔双回 N-2 方式下，供电压力均集中在第三台主变，10kV 采用单母线六分环形接线不能充分发挥负荷转供作用。

四、解决方案及预防措施

1. 解决方案

综合考虑区域远景 10kV 联络率、负荷转供能力、出线走廊条件，为保证区域供电可靠性，将 110kV 和 10kV 电气主接线分别优化为扩大内桥接线和单母线四分段接线形式。远景 110kV 采用扩大内桥接线，当同塔双回线路 N-2 全停方式下，变电站可以采用一线带两变的方式运行，负荷损失较采用线变组接线少，有利于提高供电可靠性。

2. 预防措施

设计单位注重加强专业间协调，系统、变电、线路、技经等各专业应加强沟通，综合考虑电网现状、建设环境等多方面因素，深刻理解接入方案、线路架设方式和主接线选型之间的配合关系，模块化通用设计方案的适用范围，最终确定合理的技术方案。

第三章

变电专业典型案例分析

案例 1 变电站防雷设计不满足规程要求

一、工程概况

某 110kV 变电站新建工程，采用《国家电网公司输变电工程通用设计 35～110kV 智能变电站模块化建设施工图设计（2016 年版）》中 110-A3-3 半户内布置方案，110kV 配电装置采用户内 GIS 布置，终期出线 3 回（2 回架空，1 回电缆），本期 2 回架空出线。

二、原设计方案

站内采用 15m 宽的单跨双回出线架构，在导线两侧各设置 1 根避雷线，避雷线挂线高度 13m，导线挂线高度 10m；站外采用同塔双回挂线，避雷线挂线高度 25m，最高导线挂线高度 22m，如图 3-1 所示。

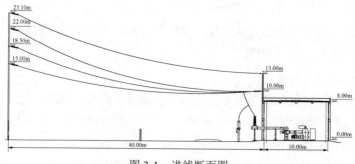

图 3-1 进线断面图

三、存在的主要问题

1. 问题描述

经计算，站内架构避雷线保护高度为 9.25m，而导线挂线高度 10m，导线不在避雷线的保护范围内。

2. 依据性文件要求

依据《交流电气装置的过电压保护和绝缘配合设计规范》（GB/T 50064—2014）中 5.5.13 条规定："发电厂和变电站应采取措施防止或减少进线雷击闪络。未沿全线架设地线的 35kV～110kV 架空输电线路，应在变电站 1km～2km 的进线段架设地线。220kV 架空输电线路 2km 进线保护段范围内以及 35kV～110kV 线路 1km～2km 进线保护段范围内的杆塔耐雷水平，应符合本规范表 5.3.1-1 的要求。"

3. 隐患及后果

进线段站内挂线点雷击过电压保护不满足规范要求，存在雷击隐患。

四、解决方案及预防措施

1. 解决方案

设计将出线架构避雷线挂线高度由 13m 调整为 15m，确保进线段均在避雷线保护范围内。保护高度计算如下：$h_0 = h - D/(4P)$ 其中：$h=15m$，$D=15m$，$P=1$，因此：$h_0 = 15-15/(4\times1)=11.25m$。

最低保护高度 11.25m 大于导线挂线高度 10m，且经核算，该设计方案均可保护进线档导线。

2. 预防措施

设计单位应加强专业提资管理，完善提资流程，细化专业分工，重点管控存在专业交叉的设计内容。各专业在设计过程中应充分沟通，确保设计方案满足规程规范要求。

案例2 防雷电侵入波保护措施不完善

一、工程概况

某 110kV 架空 T 接线路，该线路一侧为某 220kV 变电站，另外两侧均为 110kV 变电站，三个变电站均采用户外 AIS 设备。

二、原设计方案

工程所涉及的三侧出线间隔，其中两侧均在间隔线路侧配置了氧化锌避雷器，另一侧未配置，该侧变电站为 110kV 变电站，110kV 主接线采用内桥接线，配置母线避雷器。

三、存在的主要问题

1. 问题描述

原方案中设计人员未核实线路三侧是否存在断路器或者隔离开关断路运行、但线路侧带电的情况，未结合实际运行方式，论证是否需要配置雷电侵入波保护措施。

本工程其中一侧出线间隔线路侧未配置避雷器，如存在断路器断开、线路侧带电的运行方式，此时该线路间隔的电流互感器、出线隔离开关及线路电压互感器等设备均不在母线避雷器的保护范围内，如恰逢带电线路遭受雷击，上述设备将遭受雷电过电压，存在绝缘损坏的安全隐患。

2. 依据性文件要求

依据《交流电气装置的过电压保护和绝缘配合设计规范》（GB/T 50064—2014）5.4.13.3 条规定："全线架设地线的 66kV～220kV 变电站，当进线的隔离开关或断路器经常断路运行，同时线路侧又带电时，宜在靠近隔离开关或者断路器处装设一组 MOA。"

3. 隐患及后果

线路雷电侵入波对站内设备绝缘造成冲击，设备损坏。

四、解决方案及预防措施

1. 解决方案

评审后，设计人员核实并采取了如下措施：其中一侧间隔存在隔离开关、断路器断开运行，而线路侧带电的情况，因此在该间隔线路侧配置一组氧化锌避雷器。

2. 预防措施

设计过程中，设计人员应根据工程实际情况，开展全面、充分的收资，结合工程实际运行方式，落实规程规范要求。

案例 3 变电站改造，设计收资不充分

一、工程概况

某 220kV 变电站实施全站改造，该站现运行 2 台 120MVA 主变，220、110kV 配电装置均采用 AIS 设备，10kV 配电装置采用户内开关柜。本期将高中压侧配电装置改造为 GIS 设备，10kV 配电室拆除重建。期间由于低压 10kV 负荷不能转供，改造需要分步实施，存在施工期间部分设备带电运行的情况。

二、原设计方案

设计分别绘制了工程改造前、过渡期、改造后平面布置图，但图纸深度不足。

三、存在的主要问题

1. 问题描述

改造工程在设计过程中调查、收资不严谨，设计深度不满足要求。

由于该站投运时间较长，前期设计图纸保留不全，设计人员收资过程中仅对设备具体布置尺寸做了调查，未对站内沟道、地下设施的具体位置开展测量、调查工作，在工程分步实施期间，

新建的电缆沟道，变压器消防设施等地下管线，如与现有设施存在交叉情况，会导致施工过渡方案可能无法实施。

2. 依据性文件要求

依据《国家电网公司输变电工程初步设计内容深度规定（第8部分：220kV变电站）》（Q/GDW 166.8—2010）6.8.2.2条规定："应表明主要电气设备、站区建（构）筑物、电缆沟（隧）道及道路等的布置。应表示各级电压配电装置的间隔配置及进出线排列。母线和出线宜标注相序，同名双回线路应核对两端对应的间隔编号顺序。应表明方位、标注位置尺寸，并附必要的说明及图例。"

3. 隐患及后果

前期设计调查、收资不全面，将会影响后期施工的可行性，严重时，可能会导致施工过渡期间全站停电。

四、解决方案及预防措施

1. 解决方案

设计过程中，设计人员应准确测量原变电站电气设备、建构筑物具体定位尺寸，详细调查变电站地下沟道、管线的布置方向、走向，核实施工过渡期间是否存在新、旧设施的交叉，并提出针对性安全措施。

2. 预防措施

在工程设计过程中，设计人员应严格按照设计深度要求开展工作，尤其对于改造工程，应对需要改造部分的相关内容进行收资，包括原电气总平面、站内分区、地下管线走廊等设备或设施的布置情况，对于前期资料不完整的工程，应采用现场勘察手段，进一步完善后，方可开展工程设计。

案例 4 本期建设内容未考虑后期扩建对停电范围影响

一、工程概况

某 220kV 开关站采用 GIS 设备，户外布置，前期 220kV 配电装置已建成双母线单分段接线（Ⅰ母线双刀闸分段），本期扩建 2 台容量为 180MVA 的 220kV 主变。

二、原设计方案

本期完善 220kV 配电装置，建设两台主变进线间隔，设计推荐的方案为：扩建变电站北侧 2 台主变，2 个 220kV 主进间隔均布置于分段断路器的北侧，如图 3-2 所示。

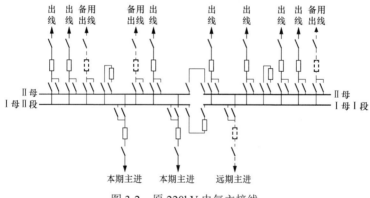

图 3-2 原 220kV 电气主接线

三、存在的主要问题

1. 问题描述

设计单位未根据 GIS 设备扩建打耐压会导致配电装置全部停电的特点，也未考虑本站前期已经建成双母线单分段接线的情况，对本期建设内容进行优化，原设计推荐方案在第三台主变未建设的前提下，后期如需扩建 220kV 分段断路器北段母线备用间隔，设备安装就位后需要对新上设备断路器气室进行打耐压试验,将导致本期所建的 220kV 主变进线间隔停电,使站内中低压侧负荷通过其他站外电源转带。

2. 依据性文件要求

依据《变电站总布置设计技术规程》(DL/T 5056—2007)3.0.5 条规定:"扩建和改建变电站的总布置设计应结合原有总平面布置、竖向布置以及设备布置特点,使总体协调统一。"

3. 隐患及后果

导致后期扩建全站停电。

四、解决方案及预防措施

1. 解决方案

评审后,设计人员将本期2个主变220kV主进间隔调整至220kV分段断路器两侧。如220kV分段断路器任意一侧母线后期需要扩建,可以充分利用本站接线方式的优点,将Ⅰ段和Ⅱ母线之间的分段断路器、隔离开关打开,一侧配电装置继续运行,另一侧同时进行停电、安装、打压试验,互不影响。上述设计方案可确保220kV配电装置在各种扩建方式下,变电站至少有 1 台主变保持运行,如图3-3 所示。

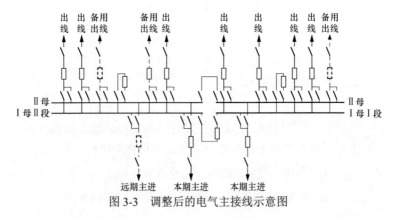

图3-3 调整后的电气主接线示意图

2. 预防措施

工程设计阶段，设计人员应结合设备的特点，深入了解变电站总平面布置要求及改扩建时停电过渡方案对供电可靠性的影响，深入分析，减少变电站改扩建阶段停电范围，确保供电可靠性。

案例 5 临时施工电源方案不经济

一、工程概况

某 110kV 变电站新建工程，采用全户内 GIS 方案，站址位于市区，周边均为在建房地产项目。

二、原设计方案

原设计方案中，变电站临时施工电源采用 ZC-YJLV$_{22}$-3×120mm^2 电缆由站址附近一个 10kV 开关站接入，电缆采用直埋方式，长度 800m，站内配置 1 台容量为 315kVA 的施工变压器，该方案投资共计 65 万元。

三、存在的主要问题

1. 问题描述

设计单位对站址周边未开展现场踏勘，未考虑方案的经济性，未进行方案技术经济比选，未做永临结合的可行性研究，导致推荐方案一次性费用较高，造成资金浪费。

2. 依据性文件要求

按照《35kV～110kV 变电站设计规范》（GB 50059—2011）1.0.5 条规定："变电站的设计应坚持节约资源、兼顾社会效益的原则。"

3. 隐患及后果

临时施工电源方案不满足技术经济合理性，造成资金浪费。

四、解决方案及预防措施

1. 解决方案

设计单位按照评审意见的要求,在站址周围开展现场踏勘和调查,通过技术经济方案比选,最终确定该工程临时施工电源方案为:就近引接附近为地产公司供电的 10kV 线路,架空线路长度仅 15m,站内配置 1 台容量 315kVA 的施工变压器,投资仅需 12 万元。

2. 预防措施

工程设计方案应满足经济技术合理性要求,对于投资费用较高的方案,应开展多方案比选,对于变电站临时施工电源的引接方案,必要时应开展永临结合的可行性研究。

案例 6 专业间缺乏沟通,设计方案不衔接

一、工程概况

某 110kV 变电站新建工程,采用《国家电网公司输变电工程通用设计 35～110kV 智能变电站模块化建设施工图设计(2016年版)》中 110-A1-2 方案,户外 GIS 布置,110kV 远期 3 回出线,本期建设 2 回,向北架空出线。

二、原设计方案

线路专业在变电站外北围墙设置 2 基终端塔,自西向东,分别为双回路终端塔、单回路终端塔;该变电站站内 110kV 出线架构自西向东侧分别为 9m 宽单跨梁、15m 宽双跨梁,该方案 110kV出线架构只能在西起 0、9、24m 处设置地线挂线点,如图 3-4 所示。

三、存在的主要问题

1. 问题描述

在满足直击雷保护的前提下,线路双回路终端塔、单回路终端塔对应站内 110kV 架构的地线挂线点,应设置于架构西起 0、

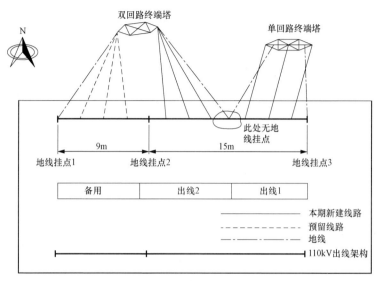

图 3-4　原设计方案

15、24m 处，而变电站出线架构只能在西起 0、9、24m 处设置地线挂线点，变电专业与线路专业间缺乏沟通，导致设计方案不匹配，变电站出线架构结构型式不满足线路终端塔地线挂线点要求。

2. 依据性文件要求

依据《变电站总布置设计技术规程》（DL/T 5056—2007）4.0.3 条规定："变电站总体规划应根据工艺布置要求以及施工、运行、检修和生态环境保护需要，结合站址自然条件按最终规模统筹规划，近远期结合，以近期为主。分期建设时，应根据负荷发展要求，合理规划，分期或一次征用土地。总体规划应根据上述原则，对站区、水源、给排水设施、进站道路、放排洪设施、进出线走廊、终端塔位、站用外引电源及周围环境影响等进行统筹安排，合理布局。"

因此，变电站总平面布置应统筹考虑土建、线路专业，使得设计方案合理、协调一致。

3. 隐患及后果

变电站出线架构的结构型式与线路终端塔不匹配，一会导致线路进线档避雷线对导线保护范围不满足安全要求；二因地线挂线点偏角过大，会导致地线柱受力不合理，运行中如地线坠落在导线上，直接引起接地故障。

四、解决方案及预防措施

1. 解决方案

评审后，变电、线路专业设计人员进行了充分沟通，调整变电站 110kV 架构布置，满足站外终端塔挂线要求，如图 3-5 所示。

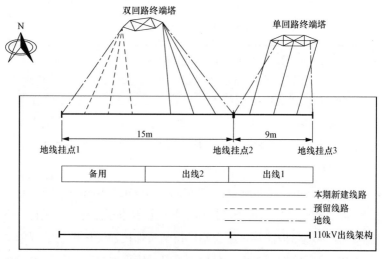

图 3-5　调整后设计方案

2. 预防措施

（1）工程设计过程中，各专业应严格执行提资及校核流程。变电专业应向线路专业提供各电压等级出线平面布置图及断面图，图中应完整标注出线架构对围墙的相对尺寸，出线架构的结构型式、高度、宽度和导地线挂线点高度、间距、导地线偏角，各种工况下的水平、垂直荷载。

（2）依据《电力工程电气设计手册（电气一次部分）》规定："选用出线架构宽度时，应使出线对架构横梁垂直的偏角不大于下列数值：35kV—5°；110kV—20°；220kV—10°；500kV—10°。"

案例7 直流系统容量选择缺少计算

一、工程概况

某 220kV 智能变电站新建工程，远期规划 3 台 180MVA 主变，本期 1 台，电压等级为 220/110/10kV；220kV 远期规划出线 6 回，本期 4 回；110kV 远期规划 12 回，本期 4 回；10kV 远期规划出线 24 回，本期 12 回。

二、原设计方案

设计依据《电力工程直流系统设计技术规程》（DL/T 5044—2005），仅统计直流负荷，但无必要的计算过程，蓄电池容量及充电机数量的选择直接给出结论：配置 2 组 220V、500Ah 阀控式密封铅酸蓄电池；2 套高频开关电源充电装置，每套 7×20A；配置 2 套容量为 15kVA 的交流不停电电源装置；配置 2 套 DC/DC 变换器，每套 5×20A，原设计方案附表见表 3-1。

三、存在的主要问题

1. 问题描述

设计所依据《电力工程直流系统设计技术规程》（DL/T 5044—2005）为已废止规程；缺少蓄电池容量及充电机数量选择等计算过程；UPS 容量选择 15kVA，选择不合理。

2. 隐患及后果

站用电源是变电站安全运行的基础，智能变电站采用交直流

表 3-1

220kV变电站 220V 直流负荷统计表

序号	负荷名称	装置容量(kW)	负荷系数	计算容量(kW)	计算电流(A)	经常电流(A) I_{jc}	事故放电时间及电流(A) 持续时间(min) 初期 1min I_1	$1\sim30$ I_2	$30\sim60$ I_3	$60\sim120$ I_4	$120\sim240$ I_5	随机 5s I_R
1	控制、保护、继电器	4.08	0.6	2.448	11.13	11.13	11.13	11.13	11.13	11.13	—	—
2	监控系统、智能组件	6.72	0.8	5.376	24.44	24.44	24.44	24.44	24.44	24.44	—	—
3	断路器跳闸	13.5	0.6	8.1	36.82	—	36.82	—	—	—	—	—
4	断路器自投	0.9	1	0.9	4.09	—	4.09	—	—	—	—	—
5	恢复供电断路器合闸	0.9	1	0.9	4.09	—	4.09	—	—	—	—	4.09
6	交流不停电电源	15	0.6	9	40.91	—	40.91	40.91	40.91	40.91	—	—
7	DC/DC变换装置	2.4	0.8	1.92	8.73	8.73	8.73	8.73	8.73	8.73	8.73	—
8	直流长明灯	0	1	0	0	0	0	0	0	0	—	—
9	事故照明	3	1	3	13.64	—	13.64	13.64	13.64	13.64	—	—
	电流统计(A)					44.29	139.75	98.84	98.84	98.84	8.73	4.09
	容量统计(Ah)										405.3	

注 通信负荷为 48V、70A，DC/DC 转换模块效率按 90% 考虑。

根据部颁 DL/T 5044—2005《电力工程直流系统设计技术规程》及计算结论，本站设置两组 500Ah 阀控式铅酸蓄电池可满足运行要求，安装在蓄电池室。

一体化电源，取消通信蓄电池组及充电装置，使用 DC／DC 变换器直接挂于直流母线；取消 UPS 蓄电池，使用逆变器直接挂于直流母线，同时，增加了合并单元、智能终端等智能设备，并大量使用交换机等设备。

计算报告错误将导致电源超负荷或投资浪费。

四、解决方案及预防措施

1. 解决方案

按照《电力工程直流电源系统设计技术规程》（DL/T 5044—2014）的要求，主要计算步骤如下：

（1）智能变电站设备统计：包括站控层、间隔层、过程层、交换机数量统计。

（2）UPS 电源计算。

（3）直流负荷计算：包括蓄电池数量计算、单体蓄电池放电终止电压计算、蓄电池容量计算、充电装置选择、高频开关电源模块配置和数量选择。

2. 预防措施

交直流一体化电源系统对各类站用电源进行全面整合后，在设计计算时需综合考虑各子系统间的关系，依次计算，同时还要考虑智能变电站所采用的各种新设备、新装置，审慎选取各项参数，以保证计算结果正确，从而避免出现电源超负荷或投资浪费。

案例 8　现场视频接入设计内容不满足管理规定

一、工程概况

某 220kV 智能变电站采用《国家电网公司输变电工程通用设计　110（66）～500kV 变电站分册（2011 年版）》220-A2-2 全户

内布置方案。

二、原设计方案

按照常规设计未配置施工现场视频接入系统。

三、存在的主要问题

1. 问题描述

新建 110（66）kV 及以上变电站工程，以及重要的或存在较大施工风险的 35kV 变电站工程，未编制施工现场视频接入方案相关内容。

2. 依据性文件要求

依据《国家电网公司关于全面推广变电工程现场视频接入工作的通知》（国家电网基建〔2016〕970 号）要求："2017 年 1 月 1 日起开工的 110kV 及以上变电站工程，以及重要的或存在较大施工风险的 35kV 变电站新建工程，要全面实现开工前的视频接入工作。"

3. 隐患及后果

未配置施工现场视频监控系统，对工程进度、安全、质量管控能力及基建工程现场管理水平的提高不利。

四、解决方案及预防措施

1. 解决方案

在设计报告中编制施工现场视频接入方案相关内容，选择有线内网接入、有线公网接入、无线公网接入及卫星接入四种模式，实现国家电网公司、省电力公司及相关建设管理部门对施工现场的远程视频监控功能。通过对施工现场 24h 不间断、360° 无死角的全方位监控，促进现场施工安全、质量、进度等方面综合管理水平的提升。

按照《国家电网公司关于全面推广变电工程现场视频接入工作的通知》（国家电网基建〔2016〕970 号）要求，220kV 全户内变电站施工现场视频接入应配置摄像机 3～6 台，即门口对侧围墙角各布置 1 台、站门口位置布置 1 台球型摄像机，根据规模配置 1～3 台移动摄像机。现场视频接入布置方案示意图如图3-6所示。

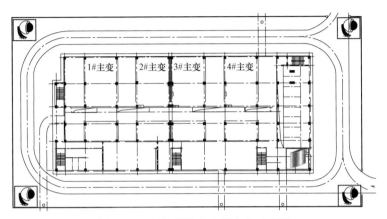

图 3-6　现场视频接入布置方案示意图

2. 预防措施

现场视频监控是将可视化、信息化、集约化的视频监控系统应用于工程管理中，实现管理人员对基建现场情况的实时查看调用及录像功能。设计单位要加强文件的学习，确保设计方案的正确性。

案例9　站区总体规划深度不足

一、工程概况

某 110kV 变电站采用《国家电网公司输变电工程通用设计35～110kV 智能变电站模块化建设施工图设计（2016 年版）》110-A1-1 户外 GIS 设计方案。该变电站位于某县城乡结合部、规划中的北外环路南侧，站址现状为耕地。进站道路由园区规划道路引接，供水方案为引接当地村镇管网，雨水排放采用雨水管网系统。

二、原设计方案

原设计提供的变电站站区总体规划图如图 3-7 所示。

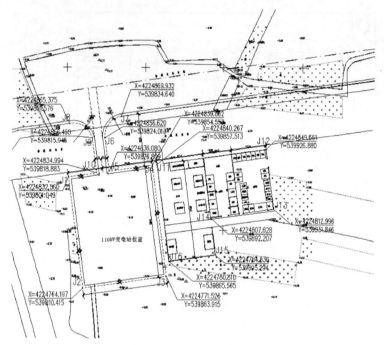

图 3-7　变电站总体规划图

三、存在的问题

1. 问题描述

图 3-7 中未表示出站址位置与城镇的相对位置关系、进出线走廊规划、取排水点和给排水管线，对站区占用的乡间道路未明确还建方案。

同时，设计人员未收集拟引接规划道路的建设时间和给排水引接条件，未考虑变电站施工时规划道路尚未建设情况下的大件运输方案。

2. 依据性文件要求

依据《国家电网公司输变电工程初步设计内容深度规定第 2 部分：110（66）kV 智能变电站》（Q/GDW 1166.2—2013）中 8.6.2 条 a）款规定："站区总体规划图应表示站址位置与城镇的相对位置关系、进站道路及引接点、进出线走廊规划、取排水点和给排水管线，对改造或还建道路、沟渠等设施的规划方案图。"

3. 隐患及后果

站区总体规划深度不足，会严重影响到变电站进站道路引接和大件运输、进出线走廊和终端塔落位、给排水引接、场地清理和设施拆迁还建等技术方案的合理性，对变电站设计方案的技术经济水平影响重大。

四、解决方案和预防措施

1. 解决方案

进一步深化、细化站区总体规划图，深入研究站址场地及周围影响因素，图纸深度满足国家电网公司深度规定要求。

2. 预防措施

（1）设计人员要加强现场踏勘和收资工作，站址环境各种影响因素均要体现在设计图纸中。

（2）属地公司要加强建设场地调研，为设计人员收资工作提供必要的便利条件。

案例 10　地形图测量范围及深度不足

一、工程概况

某 110kV 变电站采用《国家电网公司输变电工程通用设计 35～110kV 智能变电站模块化建设施工图设计（2016 年版）》

110-A1-2 户外 GIS 设计方案，总用地面积 0.3807hm²，围墙内占地面积 0.3366hm²。变电站站址区域属于古黄河冲积平原，土层深厚、地势平坦、视野开阔、交通便利，满足站内主变等大件运输要求。土地性质为一般农田，目前种植小麦等农作物。

二、原设计方案

原设计提供的变电站站址地形图测绘情况如图 3-8 所示。

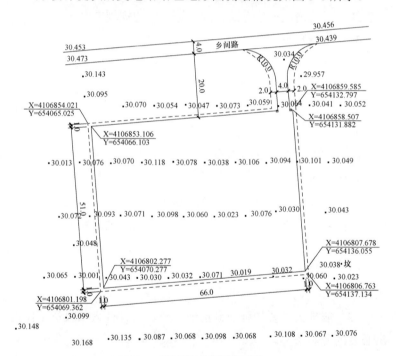

图 3-8　原站址地形图测绘情况

三、存在的问题

1. 问题描述

变电站站址地形图测绘范围过小，不能表示出变电站周边情况，无法满足站区总体规划要求；测绘内容过于简单，仅有简单的坐标、高程信息，无地形、地貌、地面附着物图示，不能准确反映场地现状；无控制点信息，不能满足站址定位和电子交桩要求。

2. 依据性文件要求

依据《国家电网公司输变电工程初步设计内容深度规定第 2 部分：110（66）kV 智能变电站》（Q/GDW1166.2—2013）中 8.6.2 条 a）款规定："站区总体规划图所采用的地形图应表示站址范围内已有地物及需拆除的地物；测量坐标网，坐标值，场地范围的控制点测量坐标，站区围墙控制点坐标；指北针或风玫瑰图；进站道路及站区征地范围，规划容量的站区用地范围，本期工程的征地面积指标表。"

《电力工程勘测制图标准　第 1 部分：测量》（DL/T 5156.1—2015）4.2.2 条规定："地物地貌的各项要素的表示方法和取舍原则应符合现行国家标准《国家基本比例尺地图图式　第 1 部分：1：500 1：1000 1：2000 地形图图式》（GB/T 20257.1）等标准的规定。"附录 B 给出各类地形图样图，其中平坦地区应满足如图 3-9 所示深度。

3. 隐患及后果

站址地形图测绘范围过小，对变电站总体规划带来困难；测绘内容过于简单，不能反映现场情况，对场地清理内容不能提供支持；无控制点信息，不能满足现场定位要求，失去了地形图最基本的功能。

四、解决方案和预防措施

1. 解决方案

重新开展测量工作，测量深度和成果编制深度应满足要求。

2. 预防措施

（1）测量人员加强培训，提升责任心和技术水平。

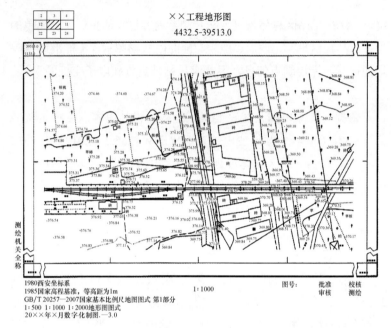

图 3-9 地形图深度示例

（2）设计单位应加强流程管理，深化专业间提资和成果验收要求。

案例 11 **消防用水量计算不准确**

一、工程概况

某 110kV 变电站采用《国家电网公司输变电工程通用设计 35～110kV 智能变电站模块化建设施工图设计（2016 年版）》110-A3-3 半户内布置方案。配电装置室为单层钢框架结构，建筑面积 666m²，建筑体积 3384m³。建筑耐火等级为二级，火灾危险性类别为丙类，火灾延续时间为 3h。根据规范要求，该变电站需设消防给水系统。

二、原设计方案

该工程消防用水量根据《火力发电厂与变电站设计防火规范》（GB 50229—2006）计算。室外消火栓设计流量为 20L/s，室内消火栓设计流量 5L/s，一次消防最大用水量按 25L/s 计算：消防水池有效容积=25×(60×60/1000)×3=270m³。

三、存在的问题

1. 问题描述

《火力发电厂与变电站设计防火规范》（GB 50229—2006）与《消防给水及消火栓系统技术规范》（GB 50974—2014）存在差异。《火力发电厂与变电站设计防火规范》（GB 50229—2006）规定："建筑体积不大于 10000m³ 时为 5L/s"；《消防给水及消火栓系统技术规范》（GB 50974—2014）规定："建筑体积不大于 5000m³ 时为 10L/s"。

消防用水量需根据《消防给水及消火栓系统技术规范》（GB 50974—2014）计算。室外消火栓设计流量为 20L/s，室内消火栓设计流量 10L/s，一次消防最大用水量按 30L/s 计算：消防水池有效容积=30×(60×60/1000)×3=324m³。

2. 依据性文件要求

目前，《火力发电厂与变电站设计防火规范》（GB 50229—2006）正在修订中，征求意见稿已下发，文中室内外消防用水量计算与 2006 年版相比发生明显变化。同时，根据国家电网公司 2017 年基建设计工作会议关于标准存在差异方面会议精神，消防用水量应采用《消防给水及消火栓系统技术规范》（GB 50974—2014）计算。

3. 隐患及后果

消防用水量计算不准确会导致火灾发生时消防用水不足，给变电站带来严重的安全隐患。结合设计质量终身负责制原则，火灾事故发生后会给单位和个人带来重大责任事故。

四、解决方案和预防措施

1. 解决方案

依据《消防给水及消火栓系统技术规范》（GB 50974—2014）技术要求重新计算消防用水量，调整消防水池有效容积。

2. 预防措施

设计人员应及时掌握常用设计规范的更新，保证设计执行规范为最新现行版本。同时，要及时学习国家电网公司最新技术要求，重视国家电网公司关于标准差异的有关规定。

案例 12 通信设备现状描述、更换设备必要性不充分

一、工程概况

某110kV变电站扩建3号主变1台，额定容量为50/50/50MVA，额定电压比为 110/35/10kV。某 110kV 变电站现配置了一套某公司 IBAS180 光传输设备，传输容量 155Mb/s，开通了至某站和某站的光通信电路。

二、原设计方案

某站更换光传输设备 1 套，传输容量 2.5Gb/s，开通至某站和某站的光通信电路。

三、存在的问题

1. 问题描述

通信设计说明书中，对运行站的现状描述只涉及组网、设备厂家，而对设备板卡配置情况、现有网络通道保护方式等缺少说明；更换设备必要性及佐证材料不足。

2. 依据性文件要求

依据《国家电网公司输变电工程初步设计内容深度规定　第4部分：电力系统光纤通信》（Q/GDW 166.4—2010）要求，设计

报告应包括通信网络现状及业务需求分析、系统通信方案、通道组织等相关内容。

依据《国家电网公司电网实物资产管理规定》[国网（运检/2）408—2014]第24条规定："各单位对拟拆除资产进行评估论证，提出拟拆除资产作为备品备件、再利用或报废等处置建议。"

3. 隐患及后果

容易导致对通信系统设计方案及设备配置不合理，影响电网安全。

四、解决方案和预防措施

1. 解决方案

在设计报告中编制通信网络现状、业务需求分析、系统通信方案、通道组织等相关内容。

专业部门出具设备评估报告，说明更换设备必要性，对拟拆除资产进行评估论证，提出拟拆除资产作为备品备件、再利用或报废等处置建议。

2. 预防措施

加强设计收资的深度与质量，严格按照设计深度规定执行，通信运行管理单位积极提供必要的设计资料。

案例 13 **初设设计方案与可研批准方案不同**

一、工程概况

某110kV变电站扩建3号主变1台，额定容量为50/50/50MVA，额定电压比为110/35/10kV。某110kV变电站110kV出线向西，规划出线3回，本期出线1回，某线T接至本站。

二、原设计方案

本工程随新建某T接线路架设一条36芯OPGW光缆至T接

点，将原线路上的 16 芯 ADSS 光缆 π 接至某 110kV 变电站，新架设光缆线路 5.2km。

结合某 110kV 变电站现场施工视频接入，架设某 110kV 变电站—某 35kV 变电站—某 220kV 变电站第二光缆路由。

三、存在的问题

1. 问题描述

可研批准方案为：随新建某 T 接线路架设一条 36 芯 OPGW 光缆至 T 接点，将原线路上的 16 芯 ADSS 光缆 π 接至某 110kV 变电站。初设阶段增加某 110kV 变电站第二光缆路由。

2. 依据性文件要求

依据《国网河北省电力公司关于加强设计管理提升设计质量的意见》（冀电建设〔2016〕17 号）第 6 条规定："设计单位应遵循可研批复确定的建设规模、主要技术方案和估算投资开展初步设计。"

3. 隐患及后果

建设规模、概算投资突破可研批复和核准文件的要求，项目难以正常实施。

四、解决方案和预防措施

1. 解决方案

设计单位应遵循可研批复确定的建设规模、主要技术方案和估算投资开展初步设计，不随意改变可研批复的方案。

2. 预防措施

设计单位加强与通信运行管理单位沟通，可研阶段设计方案应考虑周全，满足运行可靠性，避免初设阶段增加相关内容。

第四章

线路专业典型案例分析

案例1 缺少路径方案比选

一、工程概况

某 500kV 单回架空输电线路工程，线路长度为 52km，曲折系数为 1.26。全线地形为 90%平地，10%河网；基本风速为 27m/s，导线设计覆冰厚度为 5mm；导线采用 4×JL/G1A-400/35 钢芯铝绞线，地线采用两根 OPGW 光缆。全线共使用铁塔 168 基。

二、原设计方案

原设计方案推荐唯一路径，只推荐了两变电站航空连线西侧路径方案，只在局部位置进行方案比选，推荐线路路径长度 67km，曲折系数达 1.56，路径方案缺少航空连线东侧路径方案比选，如图 4-1 所示。

三、存在的问题

1. 问题描述

本线路工程路径选择时，未全面考虑路径方案的合理性，只在两站航空线西侧进行选线，局部方案对比分析，没有对航空线东侧路径的可行性进行方案比选，设计深度不满足要求。

由于推荐路径方案曲折系数过大，且未按照设计内容深度要求进行路径方案比选，评审人员要求设计单位优化路径选择，增加航空线以东合理路径方案，并进行技术经济比选。

图 4-1　原设计推荐路径方案

2. 依据性文件要求

依据《330 千伏及以上输变电工程可行性研究内容深度规定》（Q/GDW 269—2009）4.6 条规定："送电线路路径选择应重点解决线路路径的可行性问题，避免出现颠覆性因素。应选择 2 个～3 个可行的线路路径，并提出推荐路径方案。同时应优化线路路径，避开环境敏感地区，降低线路走线对环境的影响。线路路径选择应统筹考虑整体路径方案，在航空线两侧进行方案比选，保证方案最优。"

依据《110kV～750kV 架空输电线路设计规范》（GB 50545—2010）3.0.1 条规定："路径选择宜采用卫片、航片、全数字摄影测量系统和红外测量等新技术；在地质条件复杂地区，必要时宜采用地质遥感技术；综合考虑线路长度、地形地貌、地质、冰区、交通、施工、运行及地方规划等因素，进行多方案技术经济比较，做到安全可靠、环境友好、经济合理。"

48

3. 隐患及后果

与《国网基建部关于印发输变电工程标准参考价（2017 年版）的通知》（基建技经〔2017〕15 号）中架空线路 5A 方案相比，线路本体投资增加约 4000 万元，同时增加了工程后期施工及运检作业难度。

四、解决方案及预防措施

1. 解决方案

根据评审要求，设计单位重新实地踏勘现场，补充东路径方案，按照地方规划，东路径方案穿越县城区规划区域，通过与当地政府沟通，最终取得支持性文件。最终审定方案较原设计方案路径长度减少 15km，节省电网投资约 6000 万元，如图 4-2 所示。

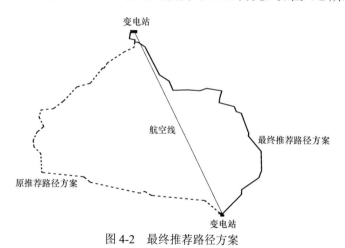

图 4-2　最终推荐路径方案

2. 预防措施

（1）工程设计选线时应全面考虑工程方案的可行性，合理选择路径，确保方案最优。

（2）线路路径方案设计时应提供线路路径备选方案，推荐方案与备选方案均应合理可行。

（3）在路径受限区域，地市公司应积极征得政府支持，避免出现遇到路径受限便绕行的现象。

案例 2　前期工作不到位，推荐方案存在不确定性

一、工程概况

某 220kV 双回架空输电线路工程，新建线路长度约为 42km，曲折系数为 1.2；全线地形为山地、丘陵；基本风速为 27m/s，导线设计覆冰厚度为 5mm；导线采用 2×JL/G1A–400/35 钢芯铝绞线，地线一侧为 48 芯 OPGW 光缆，另一侧采用 JLB40–150 铝包钢绞线，新建铁塔 129 基。

二、原设计方案

线路所经地区矿产资源丰富，设计人员通过前期收资，了解到线路路径经过区域存在多处煤矿及铁矿普查区、开采区。原方案仅在线路路径图中标明部分煤矿、铁矿普查区及开采区大致位置及相关范围，并在路径选择时进行了避让，但所收资料具有局限性，同时准确程度待考量，缺少具有相关资质单位出具的压矿评估报告。

三、存在的问题

1. 问题描述

设计人员通过前期收资，了解到线路路径所经过区域存在多处煤矿及铁矿普查区、开采区，但未探明其具体范围及位置，未委托有资质单位出具线路所经位置的压矿评估报告，导致部分塔位位于煤矿开采区内，且设计未出具压覆矿产采动影响评估报告，探明其地质条件是否满足立塔条件，推荐方案存在较大不确定性。

2. 依据性文件要求

依据《国家电网公司输变电工程初步设计内容深度规定 第6部分：220kV架空输电线路》（Q/GDW 166.6—2010）初步设计附件应附城乡规划、建设用地、环境保护、水土保持、地质灾害、压覆矿产、文物保护、防震减灾和劳动安全卫生等相关有效文件。

依据《110kV～750kV架空输电线路设计规范》（GB 50545—2010）3.0.2条规定："路径选择应避开军事设施、大型工矿企业及重要设施等，符合城镇规划。"依据《110kV～750kV架空输电线路设计规范》（GB 50545—2010）3.0.3条规定："路径选择宜避开不良地质地带和采动影响区，当无法避让时，应采取必要的措施。"

3. 隐患及后果

线路路径位于已知矿产资源较多的地区，如地质勘查工作不到位，缺少压矿评估报告等相关资料，将导致线路路径存在颠覆性因素，若杆塔基础位于不满足立塔条件的区域，会导致后期出现杆塔倾斜、倒塔等安全事故，给施工、运检人员及当地居民造成较大安全隐患。

四、解决方案及预防措施

1. 解决方案

（1）对工程建设项目用地影响范围内的矿产资源进行调查，为项目建设提供依据。查明建设项目范围内及周边地区矿产资源的分布和矿业权设置情况；重点查明评估范围内被压覆矿产资源的种类、数量、质量、资源储量类型、分布、规模、产状、资源潜力及开发利用情况等。

（2）对难以避免压覆矿产的路径，应说明难以避免压覆矿产资源的理由。对所压覆的矿产进行采动影响评估，探明地质条件是否满足立塔条件。

（3）对满足立塔条件的塔位进行采空区基础设计，保证方案可行。

2. 预防措施

（1）输电线路设计阶段应详细收集线路路径附近地质矿产资料、矿产开发利用现状及矿业权设置情况，对线路调查范围内及周边的相关资料进行详细收集整理。

（2）输电线路选线阶段尽量避开采矿区，无法避开时应做压矿评估、采动影响评估，保证路径方案可行。

案例3 水文地质资料深度不足

一、工程概况

某 110kV 架空输电线路工程，线路长度为 13.4km，曲折系数为 1.07。全线地形以平原为主，跨越河道，基本风速为 25m/s，设计覆冰厚度为 5mm；导线采用 JL/G1A-300/25 钢芯铝绞线，地线一侧采用 OPGW 光缆，另一侧采用 GJ-80 钢绞线。全线共使用铁塔 54 基（含钢管杆 10 基）。

二、原设计方案

线路路径跨越河流，河中立塔，设计选取附近工程的水文报告作为本工程参考性依据，推荐采用连梁式灌注桩基础，基础悬臂高度 5m。

三、存在的问题

1. 问题描述

设计单位未针对具体工程进行水文勘测，水文资料仅参考附近工程，依据性不足；该线路跨河段在河中立塔，由于出具的主河槽和漫滩界定的淹没水深及流速不适用于本工程，导致铁塔基础型式选择合理但基础悬臂高度设计依据不足。

2. 依据性文件要求

依据《国家电网公司输变电工程初步设计内容深度规定 第 1 部分：110（66）kV 架空输电线路》（Q／GDW 166.1—2010）要求，初步设计文件内容应包含水文气象、岩土工程等报告。

依据《国家电网公司输变电工程初设计内容深度规定 第 1 部分：110（66）kV 架空输电线路》（Q／GDW 166.1—2010）13.2.1 条规定："说明沿线的地形、地质和水文情况、土壤冻结深度、地震烈度、施工、运输条件，对软弱地基、膨胀土、湿陷性黄土等特殊地质条件作详细的描述。"13.2.2 条规定："综合地形、地质、水文条件以及基础作用力，因地制宜选择适当的基础类型，优先选用原状土基础。说明各种基础型式的特点、适用地区及适用杆塔的情况。对基础尺寸应进行优化。"

3. 隐患及后果

勘测资料的深度对设计成品的质量起着决定性作用，连梁式灌注桩基础悬臂过高会导致钢筋和混凝土耗材量加大，增大工程投资。

四、解决方案及预防措施

1. 解决方案

评审时，评审单位提出设计单位要针对本工程实际情况，委托有资质的单位进行地勘，出具准确的水文报告，并根据报告内容进行杆塔基础设计。最终根据本工程水文报告，设计单位调整灌注桩悬臂高度至 3.5m，在保障塔基安全稳定的前提下，合理减少耗材量，如图 4-3 所示。

2. 预防措施

设计单位应注重对基础资料的收集，根据工程具体情况认真

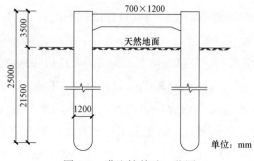

图 4-3　灌注桩基础一览图

开展岩土、水文、气象等勘察工作。应搜集拟建工程的有关文件、工程地质和岩土工程资料；查明地质构造、地层结构、岩性特征、地下水埋藏条件；查明场地不良地质作用的成因、分布、规模、发展趋势，并对场地的稳定性做出评价；调查场地土的标准冻结深度；了解建筑区的抗震设防烈度，对场地和地基的地震效应作出初步评价；初步判定水和土对建筑材料的腐蚀性。

案例 4　**缺乏必要的现场踏勘，设计方案及造价不合理**

一、工程概况

某 110kV 线路，线路路径长度 11.46km，其中新建双回架空线路 4.34km，单回架空线路 6.58km，电缆路径 0.54km。

二、原设计方案

原设计方案为线路沿 104 国道东侧架设约 9km，线路东侧为高速铁路，且线路路径唯一，国道与高速铁路间距最小处为 65m，国道与高速铁路间均种植大量杨树及绿化树木，线路走廊清理砍伐金叶槐 0.03km×9km，树木清理费用达 1200 万元，如图 4-4 所示。

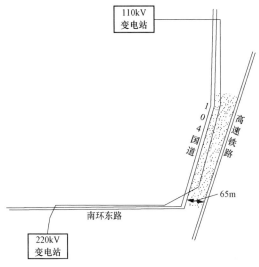

图 4-4　线路走向示意图

三、存在的问题

1. 问题描述

（1）该线路在国道和高速铁路间架设，走廊位于高速铁路西侧观赏林内，由于设计未深入现场开展实际测量工作，准确掌握线路与高速铁路的相对距离，为确保倒杆距离满足规范要求，推荐采用降低杆塔设计高度的方案，线路在途经成片树林时线下林木按砍伐、移栽考虑。

（2）本工程静态投资 3371 万元，其他费用占静态投资的 49.18%，不满足《国网基建部关于印发输变电工程标准参考价（2017 年版）的通知》（基建技经〔2017〕15 号）中 110kV 架空线路工程其他费用占比不宜超过工程总投资 22.30% 的要求，其中建设场地征用及清理费 1525 万元，本工程推荐方案经济性较差。

（3）费用计列依据不足。线路沿线有 2 处广告牌需拆除，设计提交概算中按 70 万元/处计列拆除费用，根据属地以往类似工程经验，一般按照 25 万元/处计列费用，超出正常赔偿标准，同时未提供赔偿依据，且通过设计方案调整可以避免此项费用；涉及拆除铁皮房 3 处，单价为 3 万元/处，该铁皮房属于违建，不应进行赔偿。

（4）青苗赔偿重复计列费用。本工程青苗赔偿按 10.35km 考虑，赔偿金额为 13.12 万元。但高速公路沿线 9km 金叶槐已考虑移栽费用，不应再计列青赔，赔偿金额核减为 1.64 万元。

（5）该线路工程在评审前后线路规模基本保持一致的情况下，动态投资核减金额达 2207 万元，具体明细见表 4-1。

表 4-1 　　　　　　　评审前后工程投资方案对照表　　　单位：万元

项目名称	建设规模（架空）	本体工程费	其他费用		基本预备费	静态投资	动态投资
			合计	其中：建场费			
110kV 线路工程（审前）	10.30km	1680	1658	1525	33	3371	3434
110kV 线路工程（审后）	10.92km	828	353	220	23	1204	1227
核减金额		852	1305	1305	10	2167	2207

2. 依据性文件要求

依据《110kV～750kV 架空输电线路设计规范》（GB 50545—2010）13.0.6 条规定：“输电线路经过经济作物和集中林区时，宜采用加高杆塔跨越不砍通道的方案。”

《国网河北省电力公司关于印发电网工程绿色建设管理导则和电网建设管理提升 50 条指导意见的通知》（冀电建设〔2016〕56 号）4.1.5.2.2 条规定：“线路路径应尽量避开林区、经济作物区，避让困难时，应采取高跨方案，最大限度避免或减少成片林区的砍伐。”

线路走廊沿线具体障碍物赔偿单价应按政府及省公司发布的输变电地面附着物赔偿标准计列赔偿费用。

3. 隐患及后果

（1）采用低塔方案将造成砍伐、移栽大量树木的情况，不符合电网工程"绿色、环保、可持续"的核心建设理念。

（2）线下树木按砍伐、移栽考虑，工程场地征用及清理费达到 1525 万元，占总投资 50%左右，工程方案未做到经济、合理。

（3）线下成片树木、苗圃按单棵树砍伐移栽考虑，赔偿标准未执行相关政府文件，参照特高压赔偿标准计列，赔偿费用计列依据不足，赔偿数量与实际情况不符。

（4）青苗赔偿费重复计列，造成资金严重浪费，增加审计风险。

四、解决方案及预防措施

1. 解决方案

（1）工程实施现场评审，技术、技经人员均深入现场实际踏勘，经现场实际测量，采用高塔方案跨越线路走廊下经济作物，可以满足《国家电网公司关于输电线路跨（钻）越高铁设计技术要求》中"输电线路杆塔外缘至轨道中心应满足塔高加 3.1m，无法满足要求时可适当减小，但不得小于 30m"的要求。评审后设计方案仅在局部区段处树木按砍伐考虑，核减建设场地征用及赔偿费 1300 万元。

（2）建设场地征用费占比明显异常，技术、技经人员均需深入实际勘查进行现场评审，现场核实设计方案是否为最合理方案；核实建设征地、青赔赔偿、树木砍伐数量等，特殊跨越物，拆除物方案的必要性以及赔偿依据合理性。

（3）工程造价出现异常偏高情况，为了保证方案的可行性及经济合理性，要进行多方案比选。

2.预防措施

（1）设计选线时应全面考虑工程方案的可行性及经济合理性，合理选择路径。

（2）选线应进行现场踏勘，关键位置、敏感区域需详细勘测，确保方案最优。

（3）线路途经成片树林按高跨方案考虑。路径选择时尽量避免采用转角塔跨越障碍物。

（4）严格执行相关建设场地征用及清理费计列标准，加强现场评审，规范计列标准，严格控制造价。

（5）核实赔偿物数量，确保与现场实际相符，杜绝虚列赔偿费用。

案例 5 **变电站出线规划布置未远近结合**

一、工程概况

某 500kV 变电站，终期建设 4 台容量为 1000MVA 的主变；500kV 出线规划 10 回，220kV 规划出线 16 回，本期出线 8 回。

二、原设计方案

该变电站 220kV 配电装置出线方向向南，根据系统规划，各出线间隔具体排列如图 4-5 所示（实线为本期出线，虚线为远期备用出线，备用出线目前无规划）。其中两回至 A 站出线占用

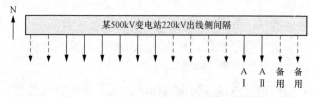

图 4-5 220kV 配电装置出线间隔布置图

220kV 配电装置东起第三、四出线间隔，东起第一、二出线间隔为备用。

三、存在的问题

1. 问题描述

系统、变电、线路专业内容缺乏衔接，推荐方案未根据已有线路具体路径及实际路径走廊情况，统筹考虑本工程各电压等级出线规划布局，经评审确定规划变电站位置不会处于 500kV 出线及本期 220kV 出线中间，因此导致该两回远期备用出线困难，且存在交叉跨越现象，设计方案不合理。

根据系统间隔排列，本期至 A 站两条 220kV 线路，占用东起第三、四出线间隔，出线走廊、间隔规划暂看不出问题，但远期备用出线所到变电站位置明确不处于 500kV 线路及本期 220kV 线路之间，因此东起第一、二备用间隔无论向哪个方向出线，均与现有出线存在交叉跨越现象，如图 4-6 所示。

2. 依据性文件要求

依据《220 千伏及 110（66）千伏输变电工程可行性研究内容深度规定》（Q/GDW 270—2009）7.4 条规定："按本工程最终规模出线回路数，规划出线走廊及排列次序。"

3. 隐患及后果

设计方案考虑不全面，将可能导致变电站备用间隔终期出线困难、变电站附近线路存在交叉甚至"一档多跨"以及线路投运不久便进行改造等现象，为线路运行埋下安全隐患，同时造成经济损失。

四、解决方案及预防措施

1. 解决方案

经系统、变电、线路专业间沟通，结合本期出线及远期系统

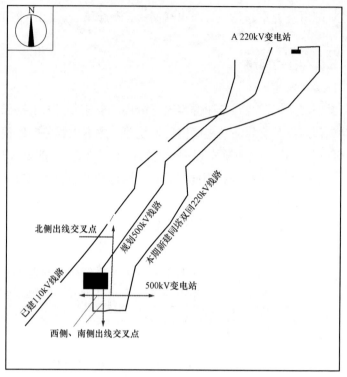

图 4-6　本期线路与远期线路位置关系图

规划，将本期 AⅠ、AⅡ出线调至东起第一、二间隔，备用出线
调整至东起第三、四间隔，避免远期备用出线困难及线路交叉问
题，如图 4-7 所示。

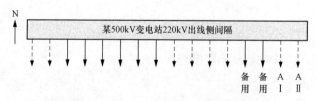

图 4-7　调整后的 220kV 出线间隔布置图

2. 预防措施

（1）规划选站时需统筹考虑各电压等级出线条件，尽量选择利于出线的备选站址。

（2）可研阶段明确线路进出线位置、方向，与已有和拟建线路的相互关系，重点了解与现有线路的交叉关系，尽量避免线路交叉。

（3）出线走廊紧张时，本期建设考虑同塔双回路或同塔多回路，为远期线路预留路径。

案例6　推荐交叉跨越方案不合理

一、工程概况

某 35kV 线路工程全长 11.5km，其中架空线路约 11.4km、电缆线路约 0.1km，导线采用 JL/G1A-185/30 钢芯铝绞线，线路全线均为平地，地形良好，交通便利。线路沿途跨越河流、等级公路，钻越特高压直流线路。

二、原设计方案

原设计方案采用电缆钻越两回直流特高压线路，钻越点处特高压线路对地距离为 35m，如图 4-8 所示。

图 4-8　钻越直流特高压线路位置示意图

三、存在的问题

1.问题描述

原设计方案在可用架空方式钻越直流特高压线路可行的情况下，采用电缆直埋敷设方式钻越，同时架空和电缆部分重复多次转换不利于施工建设及后期运行维护。

2.依据性文件要求

设计方案应满足经济合理，且尽量便于施工和运行的原则。

3.隐患及后果

线路钻越特高压线路钻越点为耕地，采用电缆直埋钻越，农耕时宜造成电缆线路外破故障，且后期运行维护困难。

四、解决方案及预防措施

1.解决方案

经现场勘察核实，确定架空钻越方案可行，将电缆直埋钻越方案改为架空钻越，评审前，电缆钻越部分静态投资83万元，评审后投资核减为37万元，总体方案经济合理。

2.预防措施

（1）线路选线时尽量减少交叉跨越，不可避免时应加强现场收资，确认交叉跨越方案的可行性。

（2）拟建线路钻越现运行线路，首选架空钻越方案，架空钻越不可行时应说明原因。

（3）线路存在交叉跨越时，需细化交叉跨越方案或进行局部方案比选，初设阶段应出具交叉跨越分图。

第五章

技经专业典型案例分析

案例 1　装配式屋面板造价不准确

一、工程概况

某 110kV 变电站新建工程，建设 2×40MVA 主变，电压等级为 110/10kV。采用《国家电网公司输变电工程通用设计　35～110kV 智能变电站模块化建设施工图设计（2016 年版）》110-A1-1 户外 GIS 设计方案，110kV 配电装置户外 GIS 落地布置，主变室外布置。

二、原设计方案

站区建筑 10kV 配电装置室，总建筑面积为 380m²，10kV 配电装置室楼层面板采用钢筋桁架楼承板，屋面采用保温隔热层设计。

三、存在的问题

1. 问题描述

（1）10kV 配电室混凝土屋面板套用"GT4-15 压型钢板屋面板有保温"定额，工程量按建筑面积计算，定额套用及工程量计算标准有误。

（2）混凝土面板套用"GT4-19 浇制混凝土屋面板"定额，工程量按建筑面积计算，工程量计算标准有误。

2. 依据性文件要求

（1）《国家电网公司输变电工程通用设计 35～110kV 智能变

63

电站模块化建设施工图设计（2016年版）》。

（2）《2013年版电力建设工程定额估价表 建筑工程》。

（3）《电力建设工程概算定额使用指南（2013年版）第一册建筑工程》。

3. 隐患及后果

（1）可研估算、初设概算、工程结算金额差异较大，不利于控制工程投资偏差率。

（2）工程概算计列与现场实际不符，增加审计风险。

四、解决方案及预防措施

1. 解决方案

研究定额相关子目统一定额套用，了解已实施的同方案装配式建筑物的实际工程量和材料价格，合理计列相关费用。

《电力建设工程概算定额使用指南（2013年版）第一册 建筑工程》规定："压型钢板屋面按照屋面水平投影面积计算工程量，屋面水平投影面积按照女儿墙外边线或挑檐板、天沟板外边线计算；混凝土板屋面按照建筑物轴线尺寸面积计算工程量。"压型钢板屋面工程量计算规则与混凝土板屋面工程量计算规则不同。定额套用和工程量计算如下：

（1）"GT4-16压型钢板屋面板无保温"，工程量按屋面水平投影面积计算。

（2）"GT4-19浇制混凝土屋面板"，工程量按建筑物轴线尺寸计算。

（3）根据设计材质、层数，单独计列屋顶防水、隔热层费用。

2. 预防措施

设计单位技经人员应加强学习装配式建筑物设计原则，了解定额工程量计算规则与技术专业计算规则的差异性。

案例 2 装配式墙体及装饰造价不准确

一、工程概况

某 110kV 变电站建设 2×50MVA 主变,电压等级为 110/10kV,采用《国家电网公司输变电工程通用设计 35～110kV 智能变电站模块化建设施工图设计(2016 年版)》110-A1-1 户外 GIS 设计方案,110kV 配电装置采用户外 GIS 落地布置,主变室外布置。

二、原设计方案

站区建筑物有 10kV 配电装置室,总建筑面积为 380m²。10kV 配电装置室层高为 4.0m,采用钢结构,建筑物外墙板采用压型钢板复合板,内隔墙板采用防火石膏板。

三、存在的问题

1. 问题描述

(1)对装配式墙体等乙供装置性材料价格未进行充分比价,外墙板按 1100 元/m² 计列,内墙板按 300 元/m² 计列,材料价格偏离市场平均价。

(2)墙体装饰套用 GT5-38 内墙面装饰乳胶漆面,工程量包括隔断墙、外墙内侧、屋顶刷乳胶漆,工程量计算标准有误。

2. 依据性文件要求

(1)《国家电网公司输变电工程通用设计 35～110kV 智能变电站模块化建设施工图设计(2016 年版)》。

(2)《2013 年版电力建设工程定额估价表 建筑工程》。

(3)《电力建设工程概算定额使用指南(2013 年版)第一册建筑工程》。

3. 隐患及后果

(1)可研估算、初设概算、工程结算金额差异较大,不利于控制工程投资偏差率。

（2）工程概算计列与现场实际不符，增加审计风险。

四、解决方案及预防措施

1. 解决方案

研究定额相关子目统一定额套用，了解已实施的同方案装配式建筑物的实际工程量和材料价格，合理计列相关费用。

依据《电力建设工程概算定额使用指南（2013年版）第一册建筑工程》规定："隔断墙工程包括隔断墙制作与安装、木质结构刷油漆、水泥板隔断墙装饰等工作内容。隔断墙定额为综合定额，包括墙体与装饰"，计价材料中有乳胶漆、粘结剂、防腐漆等材料，定额套用工程量计算如下：

（1）GT5-38 内墙面装饰乳胶漆面，工程量按单价计列建筑物外墙内侧面积，扣除门窗及大于 $1m^2$ 洞口面积计算。

（2）补充外墙面底部装饰真石漆相关费用。

（3）外墙板和内墙板价格综合考虑设计材质、防火等级等因素，多方比价，按市场平均价格计列。

2. 预防措施

（1）设计单位进一步了解模块化建筑物新技术，并深入施工现场了解模块化建设的实际情况。

（2）评审单位开展专题相关调研，统一计价标准，并及时组织宣贯和培训。

案例 3　智能变电站二次系统造价不准确

一、工程概况

某 110kV 变电站新建工程，建设 2×50MVA 主变，电压等级为 110/10kV。采用《国家电网公司输变电工程通用设计　35～

110kV 智能变电站模块化建设施工图设计（2016 年版）》110-A1-1
户外 GIS 设计方案，110kV 配电装置户外 GIS 落地布置，主变
室外布置。

二、原设计方案

本工程应用智能组件装置整合技术、智能变电站光缆优化整
合方案、变电站 GIS 汇控柜航空插头应用技术、变电站户外智能
控制柜环境控制应用技术。

三、存在的问题

1.问题描述

（1）二次系统设备价格不准确。监控系统设备价格按 160 万
元/套计列；智能终端、合并单元设备价格按 5 万元/台计列。

（2）对二次系统安装定额中的工作内容不熟悉，定额套用错
误，重复计算工作量。测控屏安装套用"GD5-2 控制盘台柜安装"
定额；直流充电、馈线屏安装套用"GD6-17 交直流配电装置屏安
装"定额 ；光缆熔接费按 8 万元/站计列。

2. 依据性文件要求

（1）《2013 年版电力建设工程定额估价表 电气设备安装工程》。

（2）《电力建设工程概算定额使用指南（2013 年版）第三册 电
气设备安装工程》。

（3）《国网基建部关于印发输变电工程标准参考价（2017 年
版）的通知》（基建技经〔2017〕15 号）

（4）二次设备招标技术规范书。

3. 隐患及后果

（1）单位投资超《国家电网公司输变电工程标准参考价（2017
年版）》计列标准。

（2）工程概算计列与现场实际不符，增加审计风险。

四、解决方案及预防措施

1. 解决方案

研究智能变电站二次系统设计方案和设备招标技术规范书，统一定额套用和设备价格，规范计价标准。

（1）二次设备价格。监控系统价格应根据建设规模调整设备价格；智能终端、合并单元设备随主变、GIS 等一次设备配套招标，不再单独计列设备费。

（2）安装费。依据《电力建设工程概算定额使用指南（2013年版）第三册 电气设备安装工程》规定："保护盘台柜工作内容包含变电站自动化系统测控装置单体调试"，含测控装置的屏柜应按保护屏柜计列安装费；"蓄电池、免维护蓄电池安装工作内容包含直流充电、馈电屏及充放电装置安装，接地，单体调试"，定额套用工程量计算如下：

1）测控屏安装套用"GD5-9 110kV 智能变电站保护盘台柜安装"定额。

2）取消直流充电、馈电屏安装套用"GD6-17 交直流配电装置屏安装充电屏、直流馈线屏安装"定额。

3）智能变电站预制光缆供货长度已满足直接安装需要，本工程光缆为双头预制，不需裁剪与熔接，取消光缆熔接费。

2. 预防措施

（1）设计单位进一步加强智能变电站新技术研究，深入施工现场了解二次系统设备安装工艺，掌握相关设备材料市场价格。

（2）评审单位开展智能变电站计价相关调研，统一定额套用标准和相关材料价格，并及时宣贯和培训。

案例 4　电能表误差校验特殊调试费用计列有误

一、工程概况

某 110kV 变电站新建工程，本期建设 50MVA 主变 2 台，电压比为 110/10kV；110kV 出线 2 回，10kV 出线 24 回。

二、原设计方案

10kV 进线及主变高压侧配置 0.5S 级数字式电能表 4 块；主变低压侧贸易结算用电能计量点配置 0.2S 级关口表 3 块，电能表采用全电子多功能电能表，具备 IEC 61850 数字接口和失压计时功能。10kV 出线多为贸易结算点，1+0 配置 0.5S 级常规多功能智能电能表 24 块。

三、存在的问题

1. 问题描述

概算计算电能表误差校验特殊调试费时，未根据设计说明书及设备材料清册细分电能表类别，套用定额"YS7-113 数字化常规电能表误差校验"，工程量 31 块。

2. 依据性文件要求

《2013 年版电力建设工程定额估价表　调试工程》。

3. 隐患及后果

电能表误差校验特殊调试费用均套用数字化电能表误差校验的定额，造成在概算中多计列特殊调试费，增加工程投资。

四、解决方案及预防措施

1. 解决方案

（1）根据设计说明书及设备材料清册细分电能表类别，依据《2013 年版电力建设工程定额估价表　调试工程》规定，套用相关定额计取相关费用。

（2）本工程正确套用定额如下：

1）"YS7-111 常规电能表误差校验"，工程量 24 块。

2）"YS7-112 关口电能表误差校验"，工程量 3 块。

3）"YS7-113 数字化常规电能表误差校验"，工程量 4 块。

2. 预防措施

（1）设计单位技经人员与技术人员积极沟通，加强学习相关专业知识，提高估算、概算编制水平。

（2）评审单位规范调试费用计列标准，合理控制造价。

案例5 电缆顶管费用计算不准确

一、工程概况

线路全长约 12.15km，其中双回路单挂线 2×1.3km，双回路架空路径长 9.1km，双回路电缆路径长 0.45km。

二、原设计方案

本工程为电缆方式钻越高铁，双回路电缆路径长 0.45km，其中 200m 采用顶管敷设方式，垂直排列。其余部分采取直埋敷设方式。顶管材质为混凝土管，外径 2.17m，管壁内侧设电缆支架。顶管全长 200m，两端各设一个工作井，埋深 1.5m。电缆型号为 ZC–YJLW$_{03}$–64/110kV–1×630mm^2，每相一根。

三、存在的问题

1. 问题描述

（1）原概算 200m 顶管建筑工程造价为 507 万元，造价与实际不符。

（2）依据顶管施工工艺要求，施工过程中不需要采用顶管支护桩、钢筋混凝土构筑物及灌注桩，原概算中计列了该项费用。

（3）水泥管单价 5500 元/m，未执行现行的市场行情。

（4）地方建筑材料价未采用最新的信息价。

（5）缺少电缆支架费用。

2.依据性文件要求

（1）《全国统一市政工程预算定额河北消耗量定额 第一册通用项目》（HEBGYD-D01-2012）。

（2）设计图纸及说明书。

（3）水泥顶管施工工艺标准。

3.隐患及后果

（1）可研估算、初设概算、工程结算金额差异较大，不利于控制工程投资偏差率。

（2）工程概算计列与现场实际不符，增加审计风险。

四、解决方案及预防措施

1.解决方案

（1）取消顶管支护桩、钢筋混凝土构筑物、灌注桩费用。

（2）经查询市场行情，核定直径 2m 的水泥管单价为 1600元/m。

（3）建材材料根据国网河北电力建设定额站下发的最新建筑工程材料价格计列。

（4）补充电缆支架费用。

采取以上措施后，200m 的顶管建筑工程费用为 183 万元，降低了 64%。

2.预防措施

（1）设计单位加强专业学习，了解电缆建筑工程施工工艺、施工方法，避免造价与工艺不符，定额套用错误。

（2）设计单位应掌握主要材料的市场行情，建立查询材料信息价的渠道，避免出现较大偏差。

案例 6　设计费未按标准执行，计列有误

一、工程概况

某 220kV 输电线路工程，线路路径长度 12km，单回路架空线导线采用 2×LGJ-400/35 型钢芯铝绞线。

二、原设计方案

本工程本体费用为 1035 万元，编制基准期价差为 133 万元，导线型号为 2×LGJ-400/35，单价 14644 元/t，线材耗量 102t；角钢塔钢材价格 7700 元/t；塔材耗量 340t。

三、存在的问题

1. 问题描述

（1）设计费未按标准计列，费用明显不合理。

（2）本工程评审前静态投资 1521 万元，设计费 150 万元，占静态投资的 10%，审前设计费占比异常。

2. 依据性文件要求

勘察设计费执行国家电网公司电力建设定额站发布的《关于印发国家电网公司输变电工程勘察设计费概算计列标准（2014 年版）的通知》（国家电网电定〔2014〕19 号）相关规定要求。

输变电工程设计费由基本设计费和其他设计费组成，工程设计费=基本设计费＋其他设计费,其中基本设计费计算按设计费计费额累进计费（线路工程设计费计费额，按本体工程费计费额计取，编制基准期价差不作为取费基数）；其他设计费包括总体设计费、施工图预算编制费、竣工图编制费等（施工图预算编制费按照该建设项目基本设计费的 10%计列）。竣工图编制费按照该建设项目基本设计费的 8%计列，总设计费一般不计列。设计费计

算步骤具体如下:

（1）本体工程费计费额为 1035 万元。

（2）采用累进费率计算基本设计费。设计费计费额分段累进费率见表 5-1。

表 5-1　　　　　　　设计费计费额分段累进费率表

电压等级	设计费计费额区间（万元）	累进费率（%）
220kV	1000 以下（含 1000）	3.725
	1000 至 5000（含 5000）	3.003

基本设计费 = 1000×3.725%+(1035−1000)×3.003%=38 万元

（3）其他设计费=施工图预算编制费+竣工图编制费=38×(10%+8%)=6.8 万元。

（4）线路工程设计费=38+6.8=44.8 万元。

本工程评审后，静态投资 1371 万元，设计费 44.8 万元，占静态投资的 3.26%。

3. 隐患及后果

（1）设计费未按勘察设计费标准计列，造成设计费明显偏高。

（2）设计费计列不合理，造成资金严重浪费，增加结算审计风险。

四、解决方案及预防措施

1. 解决方案

（1）严格执行勘察设计费相关标准。

（2）工程造价占比异常，查找错误原因并及时纠正，保证造价的合理性、合规性。

2. 预防措施

（1）加强设计单位技经人员相关培训，提高技经编制水平。

（2）评审人员加强造价管控，严格规范计列标准合理，严格控制造价。

（3）增强设计技经人员依规依法意识，加强考核力度。